Berichte zur Lebensmittelsicherheit 2012

Nationale Berichterstattung an die EU
Nationaler Rückstandskontrollplan (NRKP)
Einfuhrüberwachungsplan (EÜP)

BVL-Reporte

IMPRESSUM

Bibliografische Information der Deutschen Bibliothek

Die Deutsche Bibliothek verzeichnet diese Publikation in der Deutschen Nationalbibliografie; detaillierte bibliografische Daten sind im Internet über http://dnb.ddb.de abrufbar.

ISBN 978-3-319-06328-7
ISBN 978-3-319-06329-4 (eBook)
DOI 10.1007/978-3-319-06329-4
Springer Basel Dordrecht London New York

Herausgeber:	Bundesamt für Verbraucherschutz und Lebensmittelsicherheit (BVL) Dienststelle Berlin Mauerstraße 39 – 42 D-10117 Berlin
Schlussredaktion:	Herr K. Bentlage (kb-lektorat), Frau Dr. S. Dombrowski (BVL, Pressestelle)
Redaktion:	Nationale Berichterstattung an die EU: Frau Dr. B. Schmidt-Faber, Frau K. Rochberg (Mykotoxine) (beide BVL, Ref. 107) NRKP und EÜP: Frau Dr. I. More, Frau H. Forchheim (beide BVL, Ref. 106)
ViSdP:	Frau N. Banspach (BVL, Pressestelle)
Umschlaggestaltung:	deblik, Berlin
Titelbild:	© BVL
Satz:	le-tex publishing services GmbH

Gedruckt auf säurefreiem und chlorfrei gebleichtem Papier

Springer Basel ist Teil der Fachverlagsgruppe Springer Science+Business Media (www.springer.com)

Inhaltsverzeichnis

1.1 Übersicht

Tabelle 1.1 gibt einen Überblick über die Berichtspflichten, die als Teil der nationalen Berichterstattung an die Europäische Union (EU) seit 2005 Gegenstand der Berichte zur Lebensmittelsicherheit sind. Die Berichtspflichten sind nach dem Datum der aktuellen Rechtsgrundlage geordnet. Alte Rechtsgrundlagen sowie der aktuelle Status (z. B. aufgehoben, übergegangen) sind ebenfalls erfasst.

1.2 Bericht über die Veterinärkontrollen von aus Drittländern eingeführten Erzeugnissen an den Grenzkontrollstellen der Gemeinschaft

1.2.1 Anlass der Kontrolle und Rechtsgrundlage

Veterinärkontrollen von Erzeugnissen aus Drittländern sind ein wichtiger Bestandteil allgemeiner Vorkehrungen zum Gesundheitsschutz von Mensch und Tier. Grundregeln für Veterinärkontrollen werden in der Richtlinie 97/78/EG[1] festgelegt. Sie gelten insbesondere für Erzeugnisse tierischen Ursprungs und für pflanzliche Erzeugnisse, die Krankheiten auf Tiere übertragen können (z. B. Heu oder Stroh). Die Kontrollen werden an den Grenzkontrollstellen der Mitgliedstaaten unter Verantwortung eines amtlichen Tierarztes durchgeführt und umfassen Dokumentenprüfung, Nämlichkeitskontrolle und Warenuntersuchung.

Verfahrensvorschriften für die Kontrollen sind in der Verordnung (EG) Nr. 136/2004[2] enthalten. Dieser Verordnung zufolge sind alle Informationen über ein Erzeug-

nis aus einem Drittland in einem einheitlichen Dokument zusammenzufassen, dem Gemeinsamen Veterinärdokument für die Einfuhr (GVDE). Eine Dokumentenprüfung ist bei allen Sendungen durchzuführen, wohingegen Laboruntersuchungen nach einem nationalen Überwachungsplan erfolgen. Die positiven und negativen Ergebnisse der Laboruntersuchungen teilen die Mitgliedstaaten der EU-Kommission monatlich mit.

1.2.2 Ergebnisse

Im Jahr 2012 wurden bei Veterinärkontrollen an den Grenzkontrollstellen insgesamt 2.053 Proben von aus ca. 50 Drittländern eingeführten Erzeugnissen untersucht und dabei verschiedenen Analysen unterzogen. Die Lebensmittelproben stammten in der Mehrzahl aus China (Fischereierzeugnisse, Därme, Honig), Brasilien (Fleisch und Fleischerzeugnisse, Honig), Thailand (Fischerei- und Geflügelerzeugnisse), Vietnam (Fischereierzeugnisse, Pangasius), Argentinien (Rindfleisch, Honig) und Neuseeland (verarbeitetes tierisches Eiweiß, Tiermehl, Schaffleisch). Detaillierte Auswertungen zu den Veterinärkontrollen an den Grenzkontrollstellen hinsichtlich der Beanstandungen durch die Länder bzw. der Überschreitungen von gesetzlich festgelegten Höchstgehalten sind in Abschnitt 2.3.4 (Meldepflicht nach Verordnung (EG) Nr. 136/2004) zu finden.

1.3 Bericht über die verstärkten amtlichen Kontrollen bei der Einfuhr bestimmter Futtermittel und Lebensmittel nicht tierischen Ursprungs

1.3.1 Anlass der Kontrolle und Rechtsgrundlage

Beim Import von Futtermitteln und Lebensmitteln nicht tierischen Ursprungs in die Europäische Union sind ge-

---

[1] Richtlinie 97/78/EG des Rates vom 18. Dezember 1997 zur Festlegung von Grundregeln für die Veterinärkontrollen von aus Drittländern in die Gemeinschaft eingeführten Erzeugnissen
[2] Verordnung (EG) Nr. 136/2004 der Kommission vom 22. Januar 2004 mit Verfahren für die Veterinärkontrollen von aus Drittländern eingeführten Erzeugnissen an den Grenzkontrollstellen der Gemeinschaft

Berichte zur Lebensmittelsicherheit 2012, DOI 10.1007/978-3-319-06329-4_1,
© Bundesamt für Verbraucherschutz und Lebensmittelsicherheit (BVL) 2015

Tab. 1.1   Übersicht über die in den Berichten zur Lebensmittelsicherheit aufgeführten Berichtspflichten seit 2005

Rechtsgrundlage	Schlagwort	alte Rechtsgrundlage	Bemerkungen
RL 89/397/EWG[a]	amtliche Lebensmittelüberwachung, Trendanalyse		übergegangen in MNKP-Bericht[a] (VO (EG) Nr. 882/2004)
RL 1999/2/EG[a] und Lebensmittelbestrahlungs-verordnung[b]	Bestrahlung von Lebensmitteln		
VO (EG) Nr. 136/2004[a]	Grenzkontrolluntersuchungen		
Entscheidung der KOM[a] 2005/402/EG	Sudanrot in Chilis und Chilierzeugnissen, Kurkuma, Palmöl		aufgehoben und teilweise übergegangen in VO (EG) Nr. 669/2009
Entscheidung der KOM 2006/27/EG	Stoffe mit hormonaler Wirkung und beta-Agonisten in Pferdefleisch aus Mexiko		
Entscheidung der KOM 2006/236/EG	pharmakologisch wirksame Stoffe in Fischereierzeugnissen aus Indonesien		jetzt Beschluss der KOM 2010/220/EU
VO (EG) Nr. 1881/2006 VO (EG) Nr. 1152/2009	Aflatoxine in verschiedenen Lebensmitteln aus Drittländern	Entscheidung der KOM 2006/504/EG	
VO (EG) Nr. 1881/2006	Ochratoxin A in verschiedenen Lebensmitteln	VO (EG) Nr. 466/2001	
VO (EG) Nr. 1881/2006	Fusarientoxine vor allem in Getreide und Getreideerzeugnissen		
VO (EG) Nr. 1881/2006	Nitrat in Gemüse	VO (EG) Nr. 466/2001	
Empfehlung der KOM 2007/196/EG	Monitoring Furan in hitzebehandelten Lebensmitteln		
Entscheidung der KOM 2007/642/EG	Histamin in Fischereierzeugnissen aus Albanien		
VO (EG) Nr. 601/2008	Schwermetalle und Sulfite in Fischereierzeugnissen aus Gabun		aufgehoben (EU Nr. 1114/2011)
Entscheidung der KOM 2008/433/EG	Mineralöl in Sonnenblumenöl aus der Ukraine		aufgehoben durch VO (EG) Nr. 1151/2009
VO (EG) Nr. 669/2009	pflanzliche Importkontrollen		
VO (EG) Nr. 1048/2009 VO (EG) Nr. 1635/2006	Tschernobyl	VO (EG) Nr. 733/2008 VO (EWG) Nr. 737/90	
VO (EG) Nr. 1135/2009	Melamin in Lebensmitteln aus China	Entscheidung der KOM 2008/798/EG Entscheidung der KOM 2008/757/EG	
VO (EU) Nr. 258/2010	Pentachlorphenol und Dioxine in Guarkernmehl aus Indien	Entscheidung der KOM 2008/352/EG	
Entscheidung der KOM 2009/835/EG	Amitraz in Birnen aus der Türkei		beendet seit 24.01.2010, jetzt VO (EG) Nr. 669/2009
Empfehlung der KOM 2010/133/EU	Ethylcarbamat in Steinobstbränden		
Beschluss der KOM 2010/220/EU	pharmakologisch wirksame Stoffe in Zuchtfischereierzeugnissen aus Indonesien		
Beschluss der KOM 2010/381/EU	pharmakologisch wirksame Stoffe in Aquakulturerzeugnissen aus Indien		hervorgegangen aus Entscheidung der KOM 2009/727/EG
Beschluss der KOM 2010/387/EU	pharmakologisch wirksame Stoffe in Krustentieren aus Bangladesch	Entscheidung der KOM 2008/630/EG	aufgehoben (2011/742/EU)
VO (EU) Nr. 284/2011	Polyamid- und Melamin Kunststoffküchenartikel aus China		

[a] VO = Verordnung, RL = Richtlinie, KOM = Europäische Kommission, EWG = Europäische Wirtschaftsgemeinschaft, EG = Europäische Gemeinschaft, EU = Europäische Union, MNKP = mehrjähriger nationaler Kontrollplan
[b] Verordnung über die Behandlung von Lebensmitteln mit Elektronen-, Gamma- und Röntgenstrahlen, Neutronen oder ultravioletten Strahlen (Lebensmittelbestrahlungsverordnung – LMBestrV)

mäß der Verordnung (EG) Nr. 882/2004[3] durch die Mitgliedstaaten regelmäßige Kontrollen durchzuführen. Dazu ist die Erstellung einer Liste von Futtermitteln und Lebensmitteln vorgesehen, die aufgrund bekannter oder neu auftretender Risiken einer verstärkten Kontrolle unterliegen sollen. Eine solche Übersicht und Bestimmungen für verstärkte amtliche Kontrollen sind Gegenstand der Verordnung (EG) Nr. 669/2009[4]. Anhang I der Verordnung, eine Übersicht über die zu kontrollierenden Produkte, wird vierteljährlich aktualisiert, um auf neu auftretende Risiken zu reagieren.

Damit die Vorgehensweise bei den amtlichen Kontrollen in den Mitgliedstaaten einheitlich ist, wird in der Verordnung (EG) Nr. 669/2009 ein sogenanntes „gemeinsames Dokument für die Einfuhr" (GDE) von Futtermitteln und Lebensmitteln nicht tierischen Ursprungs vorgegeben. Im Rahmen der Kontrolle erfolgt bei allen Sendungen eine Dokumentenprüfung, wohingegen die Häufigkeit von Warenuntersuchungen und Nämlichkeitskontrollen in Anhang I festgelegt wird. Die Mitgliedstaaten erstatten der EU-Kommission vierteljährlich Bericht über die Kontrollen.

1.3.2 Ergebnisse

Im Berichtsjahr 2012 war ein mögliches Vorhandensein von Mykotoxinen, Pestizidrückständen, Salmonellen, Sudan-Farbstoffen und anderen Kontaminanten, wie Aluminium, Cadmium und Blei, Anlass für verstärkte Kontrollen von Futtermitteln und Lebensmitteln nicht tierischen Ursprungs. Die Ergebnisse sind in Tabelle 1.2 dargestellt.

Bezüglich einer möglichen Gefahr durch **Aflatoxine** waren Erdnüsse und daraus hergestellte Erzeugnisse aus 5 verschiedenen Ursprungsländern (Brasilien, Ghana, Indien, Südafrika, Aserbaidschan) verstärkt zu kontrollieren. Außerdem wurden verschiedene Gewürze aus Indien und Indonesien sowie Wassermelonenkerne aus Nigeria auf das Vorkommen von Aflatoxinen, Chili aus Peru auf Aflatoxine und **Ochratoxin A** sowie getrocknete Weintrauben aus Usbekistan auf Ochratoxin A untersucht. Insgesamt lag die Beanstandungsrate bei den Mykotoxinen bei ca. 0,5 %.

Verschiedene Obst- und Gemüsesorten sowie verschiedene Kräuter und Tees aus 6 Ursprungsländern (Dominikanische Republik, Indien, Thailand, Türkei, China und Ägypten) wurden im Hinblick auf mögliche **Pestizidrückstände** verstärkt kontrolliert. Eine relativ hohe Beanstandungsrate wurde bei Okra aus Indien festgestellt (4 %). Insgesamt lag die Beanstandungsrate bei den Pestizidrückständen bei ca. 1,1 %.

Chili, Chilierzeugnisse, Kurkuma und Palmöl aus allen Drittländern wurden auf **Sudan-Farbstoffe** und getrocknete Nudeln aus China auf **Aluminium** verstärkt kontrolliert (Beanstandungsraten jeweils unter 0,5 %). Außerdem wurden Futtermittelergänzungen aus Indien auf **Cadmium und Blei** sowie verschiedene Gewürze aus Thailand auf Salmonellen untersucht (jeweils keine Beanstandungen).

1.4 Bericht über die Überprüfung von Fischereierzeugnissen aus Albanien

1.4.1 Anlass der Kontrolle und Rechtsgrundlage

Gemäß der Verordnung (EG) Nr. 178/2002[5] müssen entsprechende Maßnahmen getroffen werden, wenn davon auszugehen ist, dass ein aus einem Drittland eingeführtes Lebensmittel wahrscheinlich ein ernstes Risiko für die Gesundheit von Mensch oder Tier oder für die Umwelt darstellt. Weiterhin müssen Lebensmittelunternehmer gemäß Verordnung (EG) Nr. 853/2004[6] sicherstellen, dass in Fischereierzeugnissen die Grenzwerte für Histamin nicht überschritten werden.

Im Rahmen eines Inspektionsbesuches der Europäischen Gemeinschaft in Albanien im Jahr 2007 wurde festgestellt, dass die albanischen Behörden nur begrenzt in der Lage waren, die erforderlichen Kontrollen durchzuführen, insbesondere, um Histamin in Fisch und Fischereierzeugnissen zu ermitteln.

Daraufhin wurde die Entscheidung 2007/642/EG[7] erlassen. Diese regelt, dass die Mitgliedstaaten die Einfuhr der genannten Erzeugnisse nur dann erlauben, wenn ihnen die Ergebnisse einer in Albanien bzw. von einem ausländischen akkreditierten Labor vor dem Ver-

---

[3] Verordnung (EG) Nr. 882/2004 des Europäischen Parlaments und des Rates vom 29. April 2004 über amtliche Kontrollen zur Überprüfung der Einhaltung des Lebensmittel- und Futtermittelrechts sowie der Bestimmungen über Tiergesundheit und Tierschutz
[4] Verordnung (EG) Nr. 669/2009 der Kommission vom 24. Juli 2009 zur Durchführung der Verordnung (EG) Nr. 882/2004 des Europäischen Parlaments und des Rates im Hinblick auf verstärkte amtliche Kontrollen bei der Einfuhr bestimmter Futtermittel und Lebensmittel nicht tierischen Ursprungs und zur Änderung der Entscheidung 2006/504/EG

[5] Verordnung (EG) Nr. 178/2002 des Europäischen Parlaments und des Rates vom 28. Januar 2002 zur Festlegung der allgemeinen Grundsätze und Anforderungen des Lebensmittelrechts, zur Errichtung der Europäischen Behörde für Lebensmittelsicherheit und zur Festlegung von Verfahren zur Lebensmittelsicherheit
[6] Verordnung (EG) Nr. 853/2004 des Europäischen Parlaments und des Rates vom 29. April 2004 mit spezifischen Hygienevorschriften für Lebensmittel tierischen Ursprungs
[7] Entscheidung der Kommission vom 4. Oktober 2007 über Sofortmaßnahmen für die Einfuhr von zum Verzehr bestimmten Fischereierzeugnissen aus Albanien (2007/642/EG)

Tab. 1.2 Ergebnisse der verstärkten amtlichen Kontrollen bei der Einfuhr bestimmter Futtermittel und Lebensmittel nicht tierischen Ursprungs in Deutschland für das Berichtsjahr 2012

Produkte	Gefahr	Häufigkeit von Warenuntersuchungen [%][a]	Ursprungsland	Anzahl eingegangener Sendungen	Anzahl Laboruntersuchungen	Anzahl der Beanstandungen
Mykotoxine						
Erdnüsse und Verarbeitungsprodukte	Aflatoxine	10	Brasilien	18	3	0[b]
		50	Ghana	2	0	–[c]
		20	Indien	46	10	3
		10	Südafrika	0	–	–
		10	Aserbaidschan	5	0	–
Gewürze	Aflatoxine	50/20	Indien	504	84	8
Wassermelonenkerne	Aflatoxine	50	Nigeria	1	0	–
Gewürze	Aflatoxine	20	Indonesien	20	2	0
getrocknete Weintrauben	Ochratoxin A	50	Usbekistan	15	7	1
Chili	Aflatoxine + Ochratoxin A	10	Peru	2	0	–
Pestizide						
Obst und Gemüse (einschließlich Mango)	Pestizidrückstände	50/20	Dominikanische Republik	1.214	272	17
Gemüse	Pestizidrückstände	10	Türkei	35	4	0
Gemüse	Pestizidrückstände	50	Thailand	193	45	2
Kräuter	Pestizidrückstände	20	Thailand	356	50	0
Obst und Gemüse	Pestizidrückstände	10	Ägypten	510	44	1
Curryblätter	Pestizidrückstände	10/50	Indien	9	1	0
Pomelos	Pestizidrückstände	20	China	160	30	0
Okra	Pestizidrückstände	10/50	Indien	295	39	12
Paprika	Pestizidrückstände	10	Thailand	92	11	2
Teeblätter (schwarz und grün)	Pestizidrückstände	10	China	616	43	4
Paprika	Pestizidrückstände	10	Ägypten	17	4	0
Andere						
Chili, Chilierzeugnisse, Kurkuma und Palmöl	Sudan-Farbstoffe	20	alle Drittländer	428	27	2
Futtermittelergänzungen	Cadmium und Blei	10	Indien	25	3	0
getrocknete Nudeln	Aluminium	10	China	856	55	4
Kräuter (u. a. Basilikum, Minze, Koriander)	Salmonellen	10	Thailand	319	29	0

[a] nach Verordnung (EG) Nr. 669/2004
[b] Eine Null in der Tabelle versteht sich als eine „eindeutige" Null, d. h. die Untersuchung führte zu keiner Beanstandung.
[c] Im Gegensatz zur „eindeutigen Null" gibt es in diesen Fällen (Spiegelstriche) keine Aussage zur Beanstandungsrate, da keine Untersuchung durchgeführt wurde.

sand vorgenommenen analytischen Untersuchung auf Histamin beiliegen und aus diesen hervorgeht, dass der Histamingehalt unterhalb der in der Verordnung (EG) Nr. 2073/2005[8] festgelegten Grenzwerte liegt. Diese Untersuchungen müssen gemäß dem in der Verordnung (EG) Nr. 2073/2005 genannten Probenahme- und Analyseverfahren durchgeführt werden.

1.4.2 Ergebnisse

Im Berichtszeitraum 2012 wurden, wie auch in den vorangegangenen Jahren, keine entsprechenden Untersu-

---

[8] Verordnung (EG) Nr. 2073/2005 der Kommission vom 15. November 2005 über mikrobiologische Kriterien für Lebensmittel

chungsergebnisse und Sendungen von Fischereierzeugnissen aus Albanien gemeldet.

1.5   Bericht über Sofortmaßnahmen für aus Indien eingeführte Sendungen mit zum menschlichen Verzehr bestimmten Aquakulturerzeugnissen

1.5.1   Anlass der Kontrolle und Rechtsgrundlage

Der Beschluss 2010/381/EU[9] über Sofortmaßnahmen für aus Indien eingeführte Sendungen mit zum menschlichen Verzehr bestimmten Aquakulturerzeugnissen wurde durch die EU-Kommission am 8. Juli 2010 erlassen und hob die bisher gültige Entscheidung 2009/727/EG[10] auf.

Dieser Beschluss sowie die vorangegangene Entscheidung resultierten aus einem Inspektionsbesuch der Europäischen Gemeinschaft in Indien im Jahr 2009. Es waren Mängel im Rückstandskontrollsystem für lebende Tiere und tierische Erzeugnisse festgestellt worden. Die Berichte der Mitgliedstaaten an die EU-Kommission trugen trotz der von Indien vorgelegten Garantien, über einen vermehrten Nachweis von Nitrofuranen und ihren Metaboliten in aus Indien eingeführten Krustentieren ebenso zum Erlass des oben genannten Beschlusses bei.

Gemäß des Beschlusses 2010/381/EU und der Entscheidung 2009/727/EG müssen Sendungen von aus Indien eingeführten Krustentieren aus Aquakulturhaltung, die für den menschlichen Verzehr bestimmt sind, bereits vor der Einfuhr in die EU auf Nitrofurane oder ihre Metaboliten und andere pharmakologisch wirksame Stoffe (u. a. Chloramphenicol und Tetracycline) untersucht werden.

Der einführende Mitgliedstaat trägt Sorge dafür, dass jede Sendung solcher Erzeugnisse bei ihrer Ankunft an der Grenze der Gemeinschaft allen erforderlichen Kontrollen unterzogen wird, um zu gewährleisten, dass diese keine Gefahr für die menschliche Gesundheit darstellen. Die Sendungen werden an der Grenze einbehalten, bis Laborergebnisse bestätigen, dass die Konzentration der unerwünschten Stoffe die festgelegte Mindestleistungsgrenze der Gemeinschaft sowie die festgelegten Referenzwerte für Maßnahmen der Entscheidung 2002/657/EG[11]

und Verordnung (EG) Nr. 470/2009[12] nicht überschreiten.

1.5.2   Ergebnisse

Im Jahr 2012 wurden 142 Proben (1. Quartal: 3 Proben, 2. Quartal: 4 Proben, 3. Quartal: 122 Proben, 4. Quartal: 13 Proben) von Aquakulturerzeugnissen aus Indien gemäß den Vorgaben untersucht. Bei keiner Probe wurde eine Überschreitung der erlaubten Mindestleistungsgrenzen und Referenzwerte festgestellt.

1.6   Bericht über die Überprüfung von Zuchtfischereierzeugnissen aus Indonesien

1.6.1   Anlass der Kontrolle und Rechtsgrundlage

Der Beschluss 2010/220/EU[13] der EU-Kommission vom 16. April 2010 über Sofortmaßnahmen für aus Indonesien eingeführte Sendungen mit zum menschlichen Verzehr bestimmten Zuchtfischereierzeugnissen trat nach Ablösung der Entscheidung 2006/236/EG[14] Mitte 2010 in Kraft.

Grund für den Erlass des Beschlusses 2010/220/EU war der Kontrollbesuch im Jahr 2009 der Europäischen Gemeinschaft in Indonesien. Es waren schwerwiegende Hygienemängel beim Hantieren mit Fischereierzeugnissen festgestellt worden. Diese Mängel können einen schnelleren Verderb und die Entwicklung hoher Histamingehalte zur Folge haben. Der Kontrollbesuch hatte auch gezeigt, dass die indonesischen Behörden kaum in der Lage waren, bei Fisch zuverlässige Kontrollen durchzuführen und insbesondere Histamin und Schwermetalle in den betreffenden Arten nachzuweisen.

Der Beschluss sieht für Nitrofuran und dessen Metaboliten sowie für Rückstände pharmakologisch wirksamer Substanzen in mindestens 20 % der eingeführten Sendungen von Zuchtfischereierzeugnissen aus Indonesien außerdem die Überwachung der Produktionskette sowie

---

[9] Beschluss der Kommission vom 8. Juli 2010 über Sofortmaßnahmen für aus Indien eingeführte Sendungen mit zum menschlichen Verzehr bestimmten Aquakulturerzeugnissen (2010/381/EU)

[10] Entscheidung der Kommission vom 30. September 2009 über Sofortmaßnahmen für aus Indien eingeführte, zum menschlichen Verzehr oder zur Verwendung als Futtermittel bestimmte Krustentiere (2009/727/EG)

[11] Entscheidung der Kommission vom 12. August 2002 zur Umsetzung der Richtlinie 96/23/EG des Rates betreffend die Durchführung von Analysemethoden und die Auswertung von Ergebnissen (2002/657/EG)

[12] Verordnung (EG) Nr. 470/2009 des Europäischen Parlaments und des Rates vom 6. Mai 2009 über die Schaffung eines Gemeinschaftsverfahrens für die Festsetzung von Höchstmengen für Rückstände pharmakologisch wirksamer Stoffe in Lebensmitteln tierischen Ursprungs, zur Aufhebung der Verordnung (EWG) Nr. 2377/90 des Rates und zur Änderung der Richtlinie 2001/82/EG des Europäischen Parlaments und des Rates und der Verordnung (EG) Nr. 726/2004 des Europäischen Parlaments und des Rates

[13] Beschluss der Kommission vom 16. April 2010 über Sofortmaßnahmen für aus Indonesien eingeführte Sendungen mit zum menschlichen Verzehr bestimmten Zuchtfischereierzeugnissen (2010/220/EU)

[14] Entscheidung der Kommission vom 21. März 2006 über Sondervorschriften für die Einfuhr von zum Verzehr bestimmten Fischereierzeugnissen aus Indonesien (2006/236/EG)

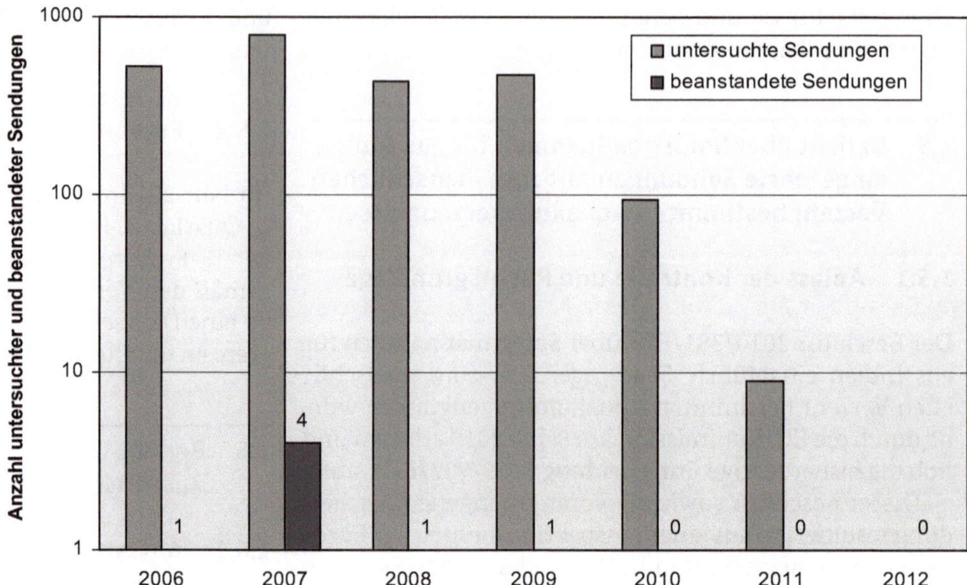

Abb. 1.1 Ergebnisse der Überprüfung von zum menschlichen Verzehr bestimmten Zuchtfischereierzeugnissen aus Indonesien für die Jahre 2006 bis 2012

folgende Kontrollmaßnahmen vor: Lebende Tiere, ihre festen und flüssigen Ausscheidungen, Tiergewebe, tierische Erzeugnisse, sowie Futtermittel und Trinkwasser für Tiere werden auf bestimmte Rückstände und Stoffe untersucht, da das Vorhandensein von Rückständen von Tierarzneimitteln und nicht zugelassenen Stoffen in Lebensmitteln ein potenzielles Risiko für die menschliche Gesundheit darstellt.

1.6.2 Ergebnisse

Aufgrund des oben genannten Beschlusses der EU-Kommission wurden von Deutschland eine Probe (1. Quartal: 1 Probe, 2., 3. und 4. Quartal: 0 Proben) über Zuchtfischereierzeugnisse aus Indonesien für das Berichtsjahr 2012 gemeldet. Diese wurde nicht beanstandet.

In Abbildung 1.1 sind die Ergebnisse der Überprüfung von Zuchtfischereierzeugnissen aus Indonesien seit 2006 dargestellt. Seit 3 Jahren sind keine beanstandeten Proben gemeldet worden und davor betrug die Beanstandungsrate weniger als 1 %. Damit in Zusammenhang steht der deutliche Rückgang der Anzahl der untersuchten Sendungen in den letzten Jahren.

1.7 Bericht zur Qualität von Guarkernmehl in importierten Futter- und Lebensmitteln aus Indien

1.7.1 Anlass der Kontrolle und Rechtsgrundlage

Aufgrund einer möglichen Kontamination durch Pentachlorphenol (PCP) und Dioxin waren im Jahr 2010 Son-

dervorschriften für die Einfuhr von Guarkernmehl aus Indien erlassen worden (Verordnung (EU) Nr. 258/2010 vom 25. März 2010[15]). Das Inkrafttreten der Verordnung erfolgte aufgrund eines Follow-up-Inspektionsbesuches im Oktober 2009, bei dem schwerwiegende Mängel festgestellt worden waren. Unter anderem wurde nicht deutlich, inwieweit PCP in Indien industriell verwendet wird. Die Probennahme wurde ohne amtliche Aufsicht durchgeführt und im Fall einer Kontamination wurden keine Maßnahmen ergriffen. Die Schlussfolgerung daraus war, dass die Kontamination von Guarkernmehl mit PCP und/oder Dioxinen nicht als Einzelfall anzusehen ist. Es wurden daraufhin Maßnahmen zur Verringerung möglicher Risiken ergriffen und in der Verordnung (EU) Nr. 258/2010 festlegt: So muss für Guarkernmehl aus Indien neben einem Analysenbericht eines nach EN ISO/IEC 17025 akkreditierten Labors eine Genusstauglichkeitsbescheinigung gemäß dem Anhang der Verordnung (EU) Nr. 258/2010 vorliegen. Zufallskontrollen auf das Vorhandensein von Pentachlorphenol sind auch in Guarkernmehl weiterer Länder als Indien durchzuführen, da nicht auszuschließen ist, dass Guarkernmehl mit Ursprung aus Indien über ein anderes Drittland in die EU gelangt.

Die Analysenergebnisse der Kontrolluntersuchungen werden der EU-Kommission von den Mitgliedstaaten vierteljährlich berichtet.

---

[15] Verordnung (EU) NR. 258/2010 der Kommission vom 25. März 2010 zum Erlass von Sondervorschriften für die Einfuhr von Guarkernmehl, dessen Ursprung oder Herkunft Indien ist, wegen des Risikos einer Kontamination mit Pentachlorphenol und Dioxinen sowie zur Aufhebung der Entscheidung 2008/352/EG

1.7.2   Ergebnisse

Für das Jahr 2012 wurden dem BVL 74 Untersuchungsergebnisse von Lebensmittelproben gemeldet. Von diesen wurden 3 Proben positiv auf PCP oder Dioxin getestet. Ergebnisse zu Futtermittelproben liegen dem BVL für das Jahr 2012 nicht vor.

1.8   Bericht zur Überprüfung von Fleisch- und Fleischerzeugnissen von Equiden aus Mexiko

1.8.1   Anlass der Kontrolle und Rechtsgrundlage

Gemäß der Richtlinie 97/78/EG[16] und der Verordnung (EG) Nr. 178/2002[17] sind die erforderlichen Maßnahmen zu treffen, wenn aus Drittländern eingeführte Erzeugnisse eine ernsthafte Gefährdung der Gesundheit von Mensch oder Tier darstellen können oder die Möglichkeit der Ausbreitung einer solchen Gefährdung besteht.

Daher dürfen Tiere sowie Fleisch und Fleischerzeugnisse von Tieren, denen bestimmte Stoffe mit hormonaler bzw. thyreostatischer Wirkung oder beta-Agonisten verabreicht wurden, gemäß der Richtlinie 96/22/EG[18] nicht aus Drittländern eingeführt werden. Eine Verabreichung zur therapeutischen oder tierzüchterischen Behandlung ist hiervon ausgenommen.

Die Entscheidung 2006/27/EG[19] legt Sondervorschriften für die Einfuhr von zum Verzehr bestimmten Fleisch und Fleischerzeugnissen von Equiden aus Mexiko fest. Gemäß den Erwägungsgründen wurde bei einem Kontrollbesuch Mexikos der Europäischen Gemeinschaft im Jahr 2005 festgestellt, dass an Pferdefleisch insbesondere in Bezug auf den Nachweis der Stoffe, die gemäß der Richtlinie 96/22/EG verboten sind, keine zuverlässigen Kontrollen durchgeführt werden. Zudem wurden Mängel bei der Kontrolle des Tierarzneimittelmarktes festgestellt und nicht zugelassene Arzneimittel vorgefunden. Da die verbotenen Stoffe aufgrund dieser Mängel mögli-

cherweise auch in der Pferdefleischerzeugung verwendet werden, könnten sie auch in Fleisch und Fleischerzeugnissen von Equiden enthalten sein, die für den Verzehr bestimmt sind. Somit besteht möglicherweise eine ernste Gefahr für die menschliche Gesundheit. Um zu verhindern, dass nicht zum Verzehr geeignetes Fleisch und Fleischerzeugnisse von Equiden in den Verkehr kommen, wird in der Entscheidung 2006/27/EG festgelegt, dass die Mitgliedstaaten an der Grenze der Gemeinschaft die erforderlichen Kontrollen durchführen und die Ergebnisse vierteljährlich der EU-Kommission mitteilen.

1.8.2   Ergebnisse

Im Jahr 2012 wurden insgesamt 38 Proben von importierten Fleisch und Fleischerzeugnissen von Equiden aus Mexiko auf Hormonrückstände und beta-Agonisten untersucht (1. und 2. Quartal: 0 Proben, 3. Quartal: 38 Proben und 4. Quartal: 0 Proben). Es ergaben sich keine Beanstandungen.

Damit werden seit 4 Berichtsjahren in Folge keine Beanstandungen mehr gemeldet, wohingegen 2008, d. h. im ersten Berichtsjahr, noch 42 % der Proben beanstandet wurden.

1.9   Bericht über Melaminrückstände in eingeführter Milch bzw. Milcherzeugnissen aus China

1.9.1   Anlass der Kontrolle und Rechtsgrundlage

Nach den Erwägungsgründen der Entscheidung 2008/921/EG[20] können nach Artikel 53 der Verordnung (EG) Nr. 178/2002[21] in Notfällen geeignete Maßnahmen bei aus Drittländern eingeführten Lebens- oder Futtermitteln getroffen werden, um die Gesundheit von Mensch und Tier oder die Umwelt zu schützen, wenn dem davon ausgehenden Risiko durch Maßnahmen der einzelnen Mitgliedstaaten nicht zufriedenstellend begegnet werden kann.

Die Europäische Kommission wurde darüber unterrichtet, dass in Säuglingsanfangsnahrung, anderen Milcherzeugnissen, Soja und Sojaerzeugnissen sowie

---

[16] Richtlinie 97/78/EG des Rates vom 18. Dezember 1997 zur Festlegung von Grundregeln für die Veterinärkontrollen von aus Drittländern in die Gemeinschaft eingeführten Erzeugnissen

[17] Verordnung (EG) Nr. 178/2002 des Europäischen Parlaments und des Rates vom 28. Januar 2002 zur Festlegung der allgemeinen Grundsätze und Anforderungen des Lebensmittelrechts, zur Errichtung der Europäischen Behörde für Lebensmittelsicherheit und zur Festlegung von Verfahren zur Lebensmittelsicherheit

[18] Richtlinie 96/22/EG des Rates vom 29. April 1996 über das Verbot der Verwendung bestimmter Stoffe mit hormonaler bzw. thyreostatischer Wirkung und von beta-Agonisten in der tierischen Erzeugung und zur Aufhebung der Richtlinien 81/602/EWG, 88/146/EWG und 88/299/EWG

[19] Entscheidung der Kommission vom 16. Januar 2006 über Sondervorschriften für die Einfuhr von zum Verzehr bestimmten Fleisch- und Fleischerzeugnissen von Equiden aus Mexiko (2006/27/EG)

[20] Entscheidung der Kommission vom 9. Dezember 2008 zur Änderung der Entscheidung 2008/798/EG (2008/921/EG)

[21] Verordnung (EG) Nr. 178/2002 des europäischen Parlaments und des Rates vom 28. Januar 2002 zur Festlegung der allgemeinen Grundsätze und Anforderungen des Lebensmittelrechts, zur Errichtung der Europäischen Behörde für Lebensmittelsicherheit und zur Festlegung von Verfahren zur Lebensmittelsicherheit

in Ammoniumbicarbonat aus China Melamingehalte festgestellt wurden. Melamin ist ein chemisches Zwischenprodukt, das bei der Herstellung von Aminoharzen und Kunststoffen eingesetzt wird und als Monomer und Zusatzstoff bei Kunststoffen Verwendung findet. Hohe Gehalte an Melamin in Lebensmitteln können sehr schädliche Gesundheitsauswirkungen haben.

Aus diesen Gründen wurde geregelt, dass die Einfuhr in die Gemeinschaft von Erzeugnissen, die Milch oder Milcherzeugnisse und Soja oder Sojaerzeugnisse enthalten, verboten ist, wenn sie für die besonderen Ernährungsbedürfnisse von Säuglingen und Kleinkindern im Sinne der Richtlinie 89/398/EWG[22] bestimmt sind. Sämtliche Erzeugnisse, die nach Inkrafttreten der Entscheidung auf dem Markt angetroffen wurden, wurden sofort vom Markt genommen und vernichtet.

Des Weiteren führen die Mitgliedstaaten Kontrollen bei allen Sendungen durch, die für Lebens- oder Futtermittel bestimmt sind und deren Ursprung oder Herkunft China ist und die Milch, Milcherzeugnisse, Soja, Sojaerzeugnisse oder Ammoniumbicarbonat enthalten. Diese Kontrollen dienen vor allem dazu, sicherzustellen, dass der mögliche Melamingehalt 2,5 mg/kg Erzeugnis nicht übersteigt. Die Sendungen werden bis zur Vorlage der Ergebnisse der Laboruntersuchung festgehalten.

1.9.2 Ergebnisse

Gemäß Entscheidung 2008/921/EG wurden 2012 insgesamt 92 Proben auf Melaminrückstände getestet und regelmäßig berichtet. Bei keiner Probe wurde eine Überschreitung des gesetzlichen Höchstwertes festgestellt.

1.10 Bericht über das Vorkommen von Aflatoxinen in bestimmten Lebensmitteln aus Drittländern

Aflatoxine werden von Schimmelpilzen der Gattung *Aspergillus* vor oder nach der Ernte gebildet. Sie treten vor allem in subtropischen und tropischen Klimabereichen auf, da die Bildung der Schimmelpilze durch Wärme und Feuchtigkeit gefördert wird. Häufig betroffene Produkte sind Nüsse, Trockenfrüchte, Reis und Mais. Zu den Afla-

toxinen gehören die chemisch verwandten Einzelverbindungen Aflatoxin B_1, B_2, G_1, G_2 sowie M_1. Am häufigsten in Lebensmitteln tritt Aflatoxin B_1 auf, das genotoxisch und kanzerogen wirkt.[23]

Mykotoxine
Mykotoxine sind sekundäre Stoffwechselprodukte von Schimmelpilzen und besitzen bereits in geringen Konzentrationen toxische Eigenschaften. Wichtige Vertreter der Mykotoxine sind Aflatoxine, Ochratoxin A, Fusarientoxine (Deoxynivalenol, Zearalenon, Fumonisine, T-2-Toxin und HT-2-Toxin), Patulin und Mutterkornalkaloide. Ihre Bildung ist abhängig von äußeren Faktoren wie Nährstoffangebot, Temperatur, Feuchtigkeit und pH-Wert.

Eine Kontamination von Lebensmitteln mit Mykotoxinen ist auf verschiedenen Wegen möglich. Ein Schimmelpilzbefall und die damit verbundene Mykotoxinbildung kann bereits auf dem Feld oder erst bei der Lagerung erfolgen. Auch möglich ist das sogenannte *Carry over*, d. h., Nutztiere nehmen Mykotoxine über kontaminierte Futtermittel auf und lagern sie ein, sodass tierische Produkte wie Fleisch, Milch und Milchprodukte sowie Eier ebenfalls Mykotoxine enthalten können.

Die Verordnung (EG) Nr. 1881/2006[24] enthält Höchstgehalte für die verschiedenen Mykotoxine. Diese sind unter Berücksichtigung des mit dem Lebensmittelverzehr verbundenen Risikos so niedrig festzulegen, wie dies durch eine gute Landwirtschafts- und Herstellungspraxis vernünftigerweise erreichbar ist. Die Verordnung sieht vor, dass die Mitgliedstaaten der EU-Kommission die Ergebnisse in Bezug auf Aflatoxine, Ochratoxin A und Fusarientoxine mitteilen.

1.10.1 Anlass der Kontrolle und Rechtsgrundlage

In einigen Lebensmitteln aus bestimmten Ländern wurden die Höchstgehalte für Aflatoxine häufig überschritten. Daher wurden zum Schutz der menschlichen

---

[22] Richtlinie 89/398/EWG des Rates vom 3. Mai 1989 zur Angleichung der Rechtsvorschriften der Mitgliedstaaten über Lebensmittel, die für eine besondere Ernährung bestimmt sind

[23] EFSA (Europäische Behörde für Lebensmittelsicherheit), 2009, Aflatoxine in Lebensmitteln, http://www.efsa.europa.eu/de/topics/topic/aflatoxins.htm (aufgerufen am 31. Oktober 2011)
[24] Verordnung (EG) Nr. 1881/2006 der Kommission vom 19. Dezember 2006 zur Festsetzung der Höchstgehalte für bestimmte Kontaminanten in Lebensmitteln

Gesundheit zusätzlich Sondervorschriften für aus bestimmten Drittländern eingeführte Erzeugnisse getroffen. Mit Beginn des Jahres 2010 wurde die bis dahin gültige Entscheidung 2006/504/EG[25] durch die Verordnung (EG) Nr. 1152/2009[26] ersetzt. Der Anwendungsbereich der Verordnung umfasst Lebensmittel aus Brasilien (Paranüsse und Erzeugnisse), China (Erdnüsse und Erzeugnisse), Ägypten (Erdnüsse und Erzeugnisse), Iran (Pistazien und Erzeugnisse), der Türkei (Feigen, Haselnüsse, Pistazien und Erzeugnisse) und den USA (Mandeln und Erzeugnisse). Insbesondere vor oder bei der Einfuhr dieser Lebensmittel ist das Vorkommen von Aflatoxinen zu überprüfen.

Hinsichtlich der Höchstgehalte für Aflatoxine wurde die Verordnung (EG) Nr. 1881/2006 durch die Verordnung (EU) Nr. 165/2010[27] und Verordnung (EG) Nr. 1058/2012[28] geändert. Grund dafür waren neue wissenschaftliche Erkenntnisse und Entwicklungen im Rahmen des *Codex Alimentarius*. Es wurden Höchstwerte für andere Ölsaaten als Erdnüsse und für Reis ergänzt. Zudem wurden die Höchstwerte für Mandeln, Haselnüsse und Pistazien zur Erleichterung des weltweiten Handels angehoben, nachdem das Wissenschaftliche Gremium der Europäischen Behörde für Lebensmittelsicherheit (EFSA) für Kontaminanten in der Lebensmittelkette (CONTAM-Gremium) in einem Gutachten zu dem Schluss gekommen ist, dass eine Anhebung der Höchstwerte nur geringe Auswirkungen auf die Schätzwerte für die ernährungsbedingte Exposition sowie auf das Krebsrisiko habe[29]. Ebenso wurden die Höchstwerte für andere Schalenfrüchte angehoben, worin das CONTAM-Gremium keine nachteiligen Aus-

wirkungen auf die öffentliche Gesundheit sah[30]. Das Gremium schloss in beiden Gutachten, dass die Exposition gegenüber Aflatoxinen aus allen Quellen aufgrund der genotoxischen sowie kanzerogenen Eigenschaften so gering wie vernünftigerweise erreichbar sein muss. In Verordnung (EG) Nr. 1058/2012 wurden die Höchstgehalte für Aflatoxine in getrockneten Feigen geändert, „um den Entwicklungen im *Codex Alimentarius*, neuen Informationen darüber, inwiefern dem Auftreten von Aflatoxinen durch die Anwendung bewährter Verfahren vorgebeugt werden kann, sowie wissenschaftlichen Erkenntnissen über die unterschiedlichen Gesundheitsrisiken bei verschiedenen hypothetischen Höchstgehalten für Aflatoxin B_1 und Gesamtaflatoxin in verschiedenen Lebensmitteln Rechnung zu tragen".

1.10.2 Ergebnisse

Für das Berichtsjahr 2012 liegen für kontrollierte Warenproben aus einer Reihe von Drittländern Meldungen vor. Dies betrifft importierte Lebensmittel aus China, dem Iran, der Türkei und den USA. Beanstandungen gab es bei 15,3 % (China), 14 % (Ägypten), 3,9 % (Iran), 0 % bis 12,7 % (Türkei) und 3 % (USA) der beprobten Sendungen (Tab. 1.1 – 1.3). Die Höchstgehalte wurden teilweise erheblich überschritten. Aus Brasilien wurden keine Sendungen beprobt. Auch Nuss- oder Trockenfrüchtemischungen mit Mandeln aus den USA wurden 2012 nicht untersucht.

Abbildung 1.2 zeigt die Entwicklung des prozentualen Anteils an Höchstgehaltüberschreitungen für relevante Lebensmittel im Zeitraum 2007 bis 2012, d. h. nach Inkrafttreten der Sondervorschriften für aus bestimmten Drittländern eingeführte Erzeugnisse. Es ist festzustellen, dass für einige Lebensmittel aus bestimmten Ländern ein abnehmender Trend festzustellen ist (Pistazien aus dem Iran und der Türkei; Haselnüsse und deren Verarbeitungsprodukte aus der Türkei). Allerdings sind bei Erdnüssen (China), Mandeln (USA) und Feigen (Türkei) höhere Beanstandungsquoten im Vergleich zum Vorjahr zu verzeichnen. Die dazu kommenden, teilweise recht hohen, Beanstandungsraten machen den zusätzlichen Kontrollaufwand in Bezug auf die Kontamination mit Aflatoxinen in bestimmten Lebensmitteln weiterhin notwendig.

---

[25] Entscheidung vom 12. Juli 2006 über Sondervorschriften für aus bestimmten Drittländern eingeführte bestimmte Lebensmittel wegen des Risikos einer Aflatoxin-Kontamination dieser Erzeugnisse (2006/504/EG)

[26] Verordnung (EG) Nr. 1152/2009 der Kommission vom 27. November 2009 mit Sondervorschriften für die Einfuhr bestimmter Lebensmittel aus bestimmten Drittländern wegen des Risikos einer Aflatoxin-Kontamination und zur Aufhebung der Entscheidung 2006/504/EG

[27] Verordnung (EU) Nr. 165/2010 der Kommission vom 26. Februar 2010 zur Änderung der Verordnung (EG) Nr. 1881/2006 zur Festsetzung der Höchstgehalte für bestimmte Kontaminanten in Lebensmitteln hinsichtlich Aflatoxinen

[28] Verordnung (EU) Nr. 1058/2012 der Kommission vom 12. November 2012 zur Änderung der Verordnung (EG) Nr. 1881/2006 hinsichtlich der Höchstgehalte für Aflatoxine in getrockneten Feigen, http://eur-lex.europa.eu/LexUriServ/LexUriServ.do?uri=OJ:L:2012: 313:0014:0015:DE:PDF (aufgerufen am 30.08.2013)

[29] EFSA (Europäische Behörde für Lebensmittelsicherheit), 2007, Gutachten des Wissenschaftlichen Gremiums CONTAM über den potenziellen Anstieg des Gesundheitsrisikos für Verbraucher durch eine mögliche Anhebung der zulässigen Höchstwerte für Aflatoxine in Mandeln, Haselnüssen und Pistazien und daraus hergestellten Produkten, The EFSA Journal (2007) 446, S. 1 – 127, http://www.efsa.europa.eu/de/efsajournal/pub/446.htm (aufgerufen am 31. Oktober 2011)

[30] EFSA (Europäische Behörde für Lebensmittelsicherheit), 2009, Gutachten des Wissenschaftlichen Gremiums CONTAM, Effects on public health of an increase of the levels for aflatoxin total from $4\,\mu g/kg$ to $10\,\mu g/kg$ for tree nuts other than almonds, hazelnuts and pistachios, The EFSA Journal (2009) 1168, S. 1 – 11, http://www.efsa.europa.eu/en/efsajournal/pub/1168.htm (aufgerufen am 31. Oktober 2011)

Tab. 1.3 Ergebnisse der Kontrollen auf Aflatoxine in relevanten Lebensmitteln, welche in die Bundesrepublik Deutschland aus China, dem Iran, der Türkei und den USA im Jahr 2011 eingeführt wurden

Herkunftsland	Produkte	Anzahl beprobter Sendungen	Anzahl beanstandeter Proben	Maximal nachgewiesener Aflatoxingehalt [μg/kg]	
				B_1	B/G-Summe
Brasilien	Paranüsse in der Schale	0	–	–	–
	Nuss- oder Trockenfrüchtemischungen, die Paranüsse in der Schale enthalten	0	–	–	–
China	Erdnüsse und Verarbeitungsprodukte	78	12 (15,3 %)	71,6	100,3
Ägypten	Erdnüsse und Verarbeitungsprodukte	7	1 (14 %)	41,5	47,6
Iran	Pistazien und Verarbeitungsprodukte	255	10 (3,9 %)	70,4	97,8
Türkei	getrocknete Feigen	126	16 (12,7 %)	31,5	36,6
	Haselnüsse	101	1 (1 %)	6,4	19,3
	Pistazien	59	2 (3,4 %)	15,1	42,8
	Nuss- oder Trockenfrüchtemischungen, die Feigen, Haselnüsse oder Pistazien enthalten	3	0	–	–
	Feigen-, Pistazien- und Haselnusspaste	26	0	–	–
	Haselnüsse, Feigen und Pistazien und Verarbeitungsprodukte	205	8 (3,9 %)	81,5	83,8
	Mehl, Grieß und Pulver von Haselnüssen, Feigen und Pistazien	6	0	–	–
	Haselnüsse (in Stücke geschnitten und zerkleinert)	8	0	–	–
USA	Mandeln und Verarbeitungsprodukte	67	2 (3,0 %)	–	–
	Nuss- oder Trockenfrüchtemischungen, die Mandeln enthalten	0	–	–	–

Abb. 1.2 Vergleich der beanstandeten Sendungen in [%] bei Kontrollen auf Aflatoxine für relevante Lebensmittel im Zeitraum 2007 bis 2012

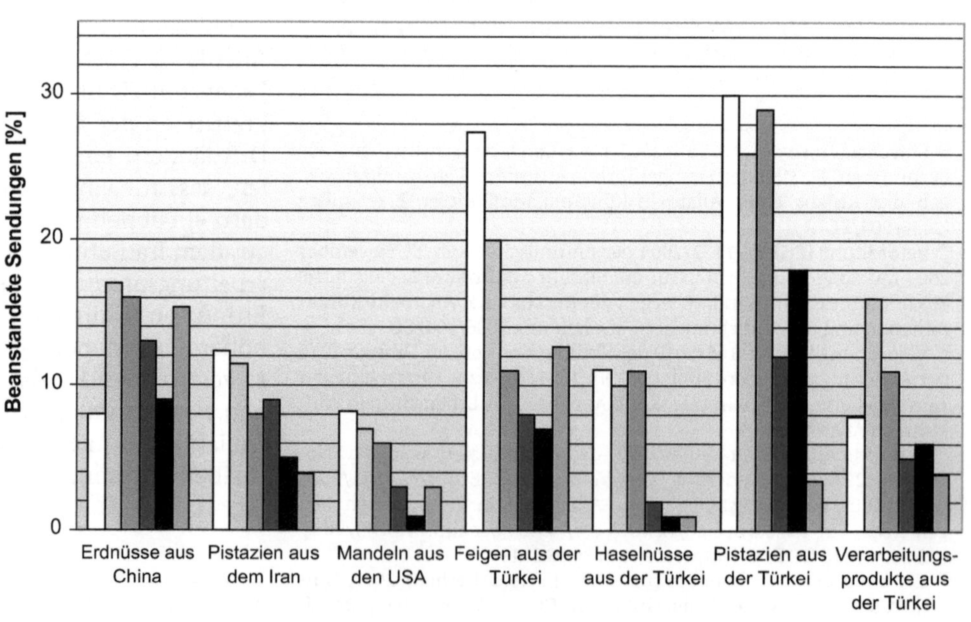

1.11 Bericht über das Vorkommen von Ochratoxin A in ausgewählten Lebensmitteln

Ochratoxin A (OTA) ist ein Mykotoxin der Schimmelpilzgattungen *Aspergillus* und *Penicillium*. Gemäß einer wissenschaftlichen Stellungnahme der Europäischen Behörde für Lebensmittelsicherheit (EFSA) von 2006[31] wurde eine Kontamination durch Ochratoxin A in zahlreichen Lebensmitteln nachgewiesen, u. a. in Getreide und Getreideerzeugnissen, Kaffee, Trockenfrüchten, Fruchtsäften, Wein, Bier, Kakao, Süßholz, Gewürzen und Hülsenfrüchten. Durch *Carry over* ist auch eine Kontamination von tierischen Erzeugnissen möglich. Bei OTA handelt es sich um eine sehr stabile Verbindung, die bei der haushaltsüblichen Zubereitung der Lebensmittel sowie beim Kaffeerösten nicht zerstört wird. Der Befall mit Schimmelpilzen und die damit verbundene OTA-Bildung kann bereits auf dem Feld erfolgen, findet jedoch meist während der Lagerung statt. Im Gegensatz zu Aflatoxinen, die insbesondere in Produkten aus subtropischen und tropischen Klimabereichen nachzuweisen sind, tritt OTA auch in gemäßigten Klimazonen auf. OTA hat nephrotoxische und genotoxische Eigenschaften und wirkt im Tierversuch kanzerogen.

In der Stellungnahme der EFSA wird von einer täglichen OTA-Gesamtaufnahme von 2 ng/kg bis 3 ng/kg Körpergewicht ausgegangen. Die durchschnittliche Belastung von geröstetem Kaffee mit OTA liegt bei 0,72 µg/kg Lebensmittel, von Getreide bei 0,29 µg/kg und von Bier bei 0,03 µg/kg. Werden den Werten durchschnittlicher Belastung verschiedener Lebensmittel die üblichen Verzehrsmengen zugrunde gelegt, so ergibt sich für den Verbraucher eine wöchentliche OTA-Aufnahme von 15 ng/kg bis 20 ng/kg Körpergewicht (bzw. 40 ng/kg bis 60 ng/kg Körpergewicht bei hohem Konsum). Die EFSA leitete eine tolerierbare wöchentliche Aufnahme (*Tolerable Weekly Intake*, TWI) von 120 ng/kg Körpergewicht für Ochratoxin A ab.

1.11.1 Anlass der Kontrolle und Rechtsgrundlage

In der Verordnung (EG) Nr. 1881/2006[32] werden Höchstwerte für potenziell belastete Lebensmittel festgelegt. Dazu gehören u. a. Getreide, getrocknete Weintrauben, Wein, Traubensaft, Röstkaffee und Lebensmittel für Säuglinge und Kleinkinder. Da auch bei Gewürzen und Süßholz wiederholt ein sehr hoher OTA-Gehalt nachgewiesen wurde, wurden auch für diese Produkte Höchstgehalte festgelegt. Dazu erfolgte eine Änderung der Verordnung (EG) Nr. 1881/2006 durch die Verordnung (EU) Nr. 105/2010[33], die ab dem 1. Juli 2010 galt. Auch die Überwachung des OTA-Gehaltes in bestimmten Lebensmitteln, für die noch kein Höchstgehalt besteht, soll fortgesetzt werden. Dazu gehören Bier, grüner Kaffee, Kakao und Kakaoerzeugnisse sowie andere Trockenfrüchte als getrocknete Weintrauben.

In Deutschland gelten über die europäischen Verordnungen hinaus Höchstwerte für getrocknete Feigen und andere Trockenfrüchte. Die Höchstwerte waren vormals in der Mykotoxinhöchstmengen-Verordnung enthalten, die mit anderen Rechtsvorschriften zur Kontaminanten-Verordnung[34] (in Kraft getreten am 27.03.2010) zusammengefasst wurde.

1.11.2 Ergebnisse

Im Berichtsjahr 2012 wurden 3.768 Proben aus 24 verschiedenen Lebensmittelgruppen auf ihren OTA-Gehalt untersucht. Die Ergebnisse sind in den Tabellen 1.1 – 1.4 aufgeführt. Bei ca. 60 % der Untersuchungen lagen die Ochratoxin A-Gehalte unterhalb der Nachweisgrenze. In 53 Fällen (1,4 % der Untersuchungen) wurden die Höchstwerte überschritten. Damit war die Beanstandungsrate wie in den Vorjahren insgesamt gering.

Überschreitungen der Höchstgehalte wurden im Jahr 2012 in den Lebensmittelgruppen Gewürze (Paprika/Chili, Muskat), getrocknete Feigen und Weintrauben, unverarbeitetes Getreide und Erzeugnisse daraus, aromatisierter Wein sowie löslicher Kaffee festgestellt.

1.12 Bericht über das Vorkommen von Fusarientoxinen in bestimmten Lebensmitteln

Fusarientoxine sind Mykotoxine, die von Schimmelpilzen der Gattung *Fusarium* gebildet werden. Häufig belastet sind Getreide wie Weizen, Mais und Hafer, die in den gemäßigten Klimazonen angebaut werden. Der Pilzbefall erfolgt während der Blütezeit auf dem Feld. Die Pilze kön-

---

[31] EFSA (Europäische Behörde für Lebensmittelsicherheit), 2006, Gutachten des Wissenschaftlichen Gremiums CONTAM bezüglich Ochratoxin A in Lebensmitteln, The EFSA Journal (2006) 365, S. 1 – 56, http://www.efsa.europa.eu/de/efsajournal/doc/365.pdf (aufgerufen am 31. Oktober 2011)

[32] Verordnung (EG) Nr. 1881/2006 der Kommission vom 19. Dezember 2006 zur Festsetzung der Höchstgehalte für bestimmte Kontaminanten in Lebensmitteln

[33] Verordnung (EU) Nr. 105/2010 der Kommission vom 5. Februar 2010 zur Änderung der Verordnung (EG) Nr. 1881/2006 zur Festsetzung der Höchstgehalte für bestimmte Kontaminanten in Lebensmitteln hinsichtlich Ochratoxin A

[34] Verordnung zur Begrenzung von Kontaminanten in Lebensmitteln (Kontaminanten-Verordnung) vom 19. März 2010 (BGBl. I, S. 287)

Tab. 1.4 Ergebnisse der Untersuchung ausgewählter Lebensmittelgruppen auf den Gehalt an Ochratoxin A im Jahr 2012

	Anzahl der Proben	Anzahl der Untersuchungen			Ergebnisse in [μg/kg] bzw. [μl/L][a]					
	Gesamt	Gesamt	unterhalb der Nachweisgrenze	unterhalb der Nachweisgrenze [%]	Mittelwert	Median	95. Perzentil	max. Wert	Höchstgehalt [μg/kg]	Anzahl an Proben oberhalb des Höchstgehalts
unverarbeitetes Getreide	633	636	581	91,4	0,17	0	0,3	29,5	5,0	5
aus unverarbeitetem Getreide gewonnene Erzeugnisse, einschließlich verarbeitete Getreideerzeugnisse und zum unmittelbaren menschlichen Verzehr bestimmtes Getreide	790	793	571	72,0	0,23	0	1,0	10,24	3,0	11
getrocknete Weintrauben (Korinthen, Rosinen und Sultaninen)	199	208	68	32,7	1,40	0,37	7,54	26,90	10,0	6
geröstete Kaffeebohnen sowie gemahlener gerösteter Kaffee außer löslicher Kaffee	303	304	166	54,6	0,51	0,25	1,73	4,84	5,0	–
löslicher Kaffee (Instantkaffee)	56	56	19	33,9	0,73	0,34	1,94	10,85	10,0	1
Wein (einschließlich Schaumwein, ausgenommen Likörwein und Wein mit einem Alkoholgehalt von mindestens 15 Vol.- %) und Fruchtwein	323	324	238	73,5	0,05	0,00	0,26	0,90	2,0	–
aromatisierter Wein, aromatisierte weinhaltige Getränke und aromatisierte weinhaltige Cocktails	101	101	32	31,7	0,22	0,11	1,04	2,12	2,0	1
Traubensaft, rekonstituiertes Traubensaftkonzentrat, Traubennektar, zum unmittelbaren menschlichen Verzehr bestimmter Traubenmost und zum unmittelbaren menschlichen Verzehr bestimmtes rekonstituiertes Traubenmostkonzentrat	223	223	36	16,1	0,26	0,20	0,79	1,63	2,0	–
Getreidebeikost und andere Beikost für Säuglinge und Kleinkinder	35	35	28	80,0	0,01	0,00	0,06	0,15	0,5	–
diätetische Lebensmittel für besondere medizinische Zwecke, die eigens für Säuglinge bestimmt sind	–	–	–	–	–	–	–	–	0,5	–
grüner Kaffee	8	8	4	50,0	2,17	1,75		5,5	–	–
andere Trockenfrüchte als getrocknete Weintrauben	377	400	349	87,3	2,61	0,00	3,1	658,8		–
getrocknete Feigen	*168*	*188*	*144*	*77*	*5,5*	*0,0*	*10,4*	*658,7*	*8,0*[b]	*11*
alle anderen	*209*	*212*	*205*	*97*	*0,1*	*0*	*0,3*	*3,24*	*2,0*[b]	*1*
Bier	25	25	13	52,0	0,03	0,01	0,05	0,29	–	–
Kakao u. Kakaoerzeugnisse	118	118	26	22,0	0,71	0,68	1,70	1,88		–

Tab. 1.4 Fortsetzung

	Anzahl der Proben	Anzahl der Untersuchungen			Ergebnisse in [µg/kg] bzw. [µl/L][a]					
	Gesamt	Gesamt	unterhalb der Nachweisgrenze	unterhalb der Nachweisgrenze [%]	Mittelwert	Median	95. Perzentil	max. Wert	Höchstgehalt [µg/kg]	Anzahl an Proben oberhalb des Höchstgehalts
Likörweine	1	1	0	0,00				0,13	–	–
Fleischerzeugnisse	3	4	4	100,0	0,00	0,00		0,00	–	–
Gewürze und Würzmittel	554	558	172	30,8	4,56	1,85	16,94	53,68	–	–
Paprika/Chili	276	277	25	9	7,9	7	20,2	53,68	30,0/15,0[c]	16
Pfeffer	88	88	63	72	0,7	0	3,6	9,45	30,0/15,0[c]	–
Muskat	25	25	7	28	3,8	1	9,1	53,00	30,0/15,0[c]	1
Ingwer	29	29	15	52	1,4	0	6,1	6,58	30,0/15,0[c]	–
Kurkuma	8	8	3	38	0,6	0		1,40	30,0/15,0[c]	–
sonstige Gewürze	128	131	59	45	1,2	0	5,8	14,90	–	128
Lakritz	19	19	7	36,8	1,00	0,61	2,25	9,90	–	–
Süßholzwurzel	–	–	–	–	–	–	–	–	20,0	–
Gesamt	**3.768**	**3.813**	**2.314**	**60,7**						

[a] Angabe der Werte unterhalb der Bestimmungsgrenze (LOQ): 0, wenn unterhalb der Nachweisgrenze, sonst 0,5× LOQ
[b] Mykotoxin-Höchstmengenverordnung (MHmV), ab 17. März 2010 Kontaminanten-Verordnung
[c] 30 µg/kg vom 1.7.2010 bis zum 30.06.2012; 15 µg/kg ab dem 1.7.2012

nen sich aber unter günstigen Bedingungen auch bei der Lagerung ausbreiten.

Die etwa 100 Fusarientoxine werden in 3 Gruppen unterteilt: Trichothecene, Zearalenon und seine Derivate und Fumonisine. Wichtige Vertreter der Gruppe der Trichothecene sind Deoxynivalenol (DON), Nivalenol und deren Vorläufer in der Biosynthese, 3- und 15-Acetyldeoxynivalenol, sowie T-2-Toxin und HT-2-Toxin. Der wissenschaftliche Lebensmittelausschuss der Europäischen Kommission (SCF) legte für Deoxynivalenol eine tolerierbare tägliche Aufnahme (*Tolerable Daily Intake*, TDI) von 1 µg/kg Körpergewicht fest[35]. Vorläufige TDI-Werte wurden für Nivalenol (0,7 µg/kg Körpergewicht)[36] sowie für die Summe von T-2- und HT-2-Toxin (0,06 µg/kg Körpergewicht)[37] bestimmt. Für die Gruppe des Zearalenons, das häufig mit Trichothecenen auftritt, legte der SCF eine vorläufige TDI von 0,2 µg/kg Körper-

gewicht fest[38]. Es werden insgesamt 6 Fumonisine unterschieden (B_1–B_4; A_1, A_2), mit denen insbesondere Mais und Maiserzeugnisse stark belastet sind. Als TDI für Fumonisine wurde vom SCF 2 µg/kg Körpergewicht festgelegt[39,40].

1.12.1 Anlass der Kontrolle und Rechtsgrundlage

Gemäß den Erwägungsgründen der Verordnung (EG) Nr. 1881/2006[41] wurden aufgrund der Stellungnahmen des SCF und weiterer wissenschaftlicher Beurteilungen sowie Aufnahmeabschätzungen Höchstgehalte für DON, Zearalenon und die Summe der Fumonisine B_1 und B_2 festgelegt. Es wurden sowohl für

---

[35] Stellungnahme des Wissenschaftlichen Lebensmittelausschusses zu Fusarientoxinen, Teil 1: Deoxynivalenol (DON) vom 02.12.1999, http://ec.europa.eu/foof/fs/sc/scf/out44_en.pdf (aufgerufen am 28. Oktober 2011)
[36] Stellungnahme des Wissenschaftlichen Lebensmittelausschusses zu Fusarientoxinen, Teil 4: Nivalenol vom 19.10.2000, http://ec.europa.eu/food/fs/sc/scf/out74_en.pdf (aufgerufen am 28. Oktober 2011)
[37] Stellungnahme des Wissenschaftlichen Lebensmittelausschusses zu Fusarientoxinen, Teil 5: T-2- und HT-2-Toxin vom 30.05.2001, http://ec.europa.eu/food/fs/sc/scf/out88_en.pdf (aufgerufen am 28. Oktober 2011)

[38] Stellungnahme des Wissenschaftlichen Lebensmittelausschusses zu Fusarientoxinen, Teil 2: Zearalenon vom 22.06.2000, http://ec.europa.eu/food/fs/sc/scf/out65_en.pdf (aufgerufen am 28. Oktober 2011)
[39] Stellungnahme des Wissenschaftlichen Lebensmittelausschusses zu Fusarientoxinen, Teil 3: Fumonisin B_1 (FB$_1$) vom 17.10.2000, http://ec.europa.eu/food/fs/sc/scf/out73_en.pdf (aufgerufen am 31. Oktober 2011)
[40] Aktualisierte Stellungnahme des Wissenschaftlichen Lebensmittelausschusses zu Fumonisin B_1, B_2 und B_3 vom 04.04.2003, http://ec.europa.eu/food/fs/sc/scf/out185_en.pdf (aufgerufen am 31. Oktober 2011)
[41] Verordnung (EG) Nr. 1881/2006 der Kommission vom 19. Dezember 2006 zur Festsetzung der Höchstgehalte für bestimmte Kontaminanten in Lebensmitteln

unverarbeitetes Getreide als auch für Getreideerzeugnisse Höchstgehalte festgelegt, da Fusarientoxine in unverarbeitetem Getreide durch Reinigung und Verarbeitung in unterschiedlichem Maße verringert werden.

Für die T-2- und HT-2-Toxine sollte eine zuverlässige, empfindliche Nachweismethode entwickelt, weitere Daten erhoben und Faktoren untersucht werden, die das Vorkommen vor allem in Hafer und Hafererzeugnissen beeinflussen. Spezifische Maßnahmen für 3- und 15-Acetyldeoxynivalenol, Nivalenol sowie Fumonisin B_3 sind laut der Verordnung nicht notwendig, da diese Mykotoxine gleichzeitig mit DON bzw. Fumonisin B_1 und B_2 auftreten. Daher bewirken Maßnahmen hinsichtlich DON und Fumonisin B_1 und B_2 auch einen Schutz vor der Exposition gegenüber den gleichzeitig auftretenden Mykotoxinen.

In der Verordnung (EG) Nr. 1881/2006 wird zudem auf die Empfehlung 2006/583/EG[42] verwiesen. Diese enthält Grundsätze für die Prävention und Reduzierung der Kontamination von Getreide mit Fusarientoxinen, um den Befall mit Fusariumpilzen mittels einer guten landwirtschaftlichen Praxis zu verhindern. Die Grundsätze sollten in den Mitgliedstaaten durch Entwicklung nationaler Leitlinien umgesetzt werden.

Hinsichtlich der Höchstgehalte von Fusarientoxinen in Mais und Maisprodukten wurde die Verordnung (EG) Nr. 1881/2006 durch die Verordnung (EG) Nr. 1126/2007[43] geändert. Gemäß den Erwägungsgründen der Verordnung (EG) Nr. 1126/2007 wurde festgestellt, dass bei bestimmten Wetterbedingungen die Höchstgehalte für Zearalenon und Fumonisine in Mais und Maisprodukten nicht eingehalten werden können, auch wenn Präventionsmaßnahmen erfolgen. Daher wurden die Höchstgehalte für Mais so angehoben, dass Marktstörungen vermieden werden können, aber die menschliche Exposition dennoch deutlich unter dem gesundheitsbezogenen Richtwert bleibt.

1.12.2 Ergebnisse

Für das Jahr 2012 wurden dem Bundesamt für Verbraucherschutz und Lebensmittelsicherheit (BVL) 16.471 Untersuchungsergebnisse von 6.099 Proben, die auf das Vorkommen der Fusarientoxine Deoxynivalenol, Zearalenon

sowie HT-2- und T-2-Toxin in Lebensmitteln getestet wurden, gemeldet. Die in diesem Berichtsjahr hohe Anzahl an Ergebnissen ist auf die Nachmeldung von ca. 7.000 Ergebnissen der Vorjahre zurückzuführen. In der folgenden Auswertung werden aber lediglich die Ergebnisse der im Jahr 2012 beprobten Lebensmittel herangezogen. Das sind 9.690 Ergebnisse von 3.158 Proben aus 36 Ländern. 79,2 % der Proben stammten aus Deutschland. Jede Probe wurde im Durchschnitt auf 3,1 Fusarientoxine untersucht. Die Anzahl der untersuchten und positiven Proben je Toxin sind in Tabelle 1.5 wiedergegeben.

Tab. 1.5 Probenanzahl bei der Lebensmitteluntersuchung zu Fusarientoxinen im Jahr 2012 (Gesamtzahl = 3.158; davon positiv = 1.488 [47,12 %])

Analyse auf	Anzahl der Proben	Anzahl der positiven Proben
Deoxynivalenol	2.671	1.275 (47,7 %)
Zearalenon	1.674	144 (8,6 %)
Fumonisin B1	736	197 (26,7 %)
Fumonisin B2	736	68 (9,2 %)
Summe B1+B2	610	136 (22,3 %)
HT-2-Toxin	1.612	152 (9,4 %)
T-2-Toxin	1.612	148 (9,2 %)

In den folgenden Tabellen 1.6 bis 1.9 werden die Gesamtanzahl der Proben und die Anzahl der positiven Proben in relevanten Warengruppen nach Analyse auf eines der oben genannten Mykotoxine gegenübergestellt. Sofern eine Höchstmenge für das jeweilige Mykotoxin und die jeweilige Warengruppe festgelegt ist, wird zudem die Anzahl der positiven Proben angegeben, welche diesen Höchstwert überschreiten. Grundsätzlich ist dabei festzustellen, dass in einem nicht unerheblichen Anteil der Proben das jeweilige Mykotoxin nachgewiesen werden konnte. Bei Analysen auf DON wurden 48 % der Proben positiv getestet. Fumonisin B1 wurde in 27 % der Fälle festgestellt und Zearalenon, HT-2-Toxin, T-2-Toxin sowie Fumonisin B2 wurden in jeweils 9 % der Proben detektiert. Es ist allerdings auch festzustellen, dass sich die jeweiligen Gehalte an Mykotoxinen der meisten Proben auf sehr geringem Niveau befinden. Für Fumonisin B1 und B2 lagen alle Proben unterhalb der Höchstwerte.

---

[42] Empfehlung der Kommission vom 17. August 2006 zur Prävention und Reduzierung von Fusarientoxinen in Getreide und Getreideprodukten (2006/583/EG)

[43] Verordnung (EG) Nr. 1126/2007 der Kommission vom 28. September 2007 zur Änderung der Verordnung (EG) Nr. 1881/2006 zur Festsetzung der Höchstgehalte für bestimmte Kontaminanten in Lebensmitteln hinsichtlich Fusarientoxinen in Mais und Maiserzeugnissen

1.13 Bericht über den Gehalt an Nitrat in Spinat, Rucola und anderen Salaten

Nitrat kommt natürlich im Boden vor und wird von den Pflanzen als Nährstoff benötigt. In der Landwirtschaft

Tab. 1.6 Anzahl der auf Deoxynivalenol im Jahr 2012 untersuchten Lebensmittelproben aus verschiedenen Warengruppen, Anzahl der positiven Proben und der Höchstmengenüberschreitungen (exemplarische Angaben zu einigen Warengruppen)

Warengruppe	Gesamtanzahl der Proben	Anzahl positiver Proben	Anzahl positiver Proben oberhalb der Höchstmenge	festgelegte Höchstmenge (μg/kg)
unverarbeitetes Getreide außer Hartweizen, Hafer und Mais	485	216	7	1.250
zum unmittelbaren menschlichen Verzehr bestimmtes Getreide, Getreidemehl, als Enderzeugnis für den unmittelbaren menschlichen Verzehr vermarktete Kleie und Keime	774	397	3	750
Teigwaren (trocken)	235	143	0	750
Brot (einschließlich Kleingebäck), feine Backwaren, Kekse, Getreide-Snacks und Frühstückscerealien	901	415	6	500

Tab. 1.7 Anzahl der auf Zearalenon im Jahr 2012 untersuchten Lebensmittelproben aus verschiedenen Warengruppen, Anzahl der positiven Proben und der Höchstmengenüberschreitungen (exemplarische Angaben zu einigen Warengruppen)

Warengruppe	Gesamtanzahl der Proben	Anzahl positiver Proben	Anzahl positiver Proben oberhalb der Höchstmenge	festgelegte Höchstmenge [μg/kg]
unverarbeitetes Getreide außer Mais	384	27	1	100
unverarbeiteter Mais	51	7	0	350
zum unmittelbaren menschlichen Verbrauch bestimmtes Getreide, Getreidemehl, als Enderzeugnis für den unmittelbaren menschlichen Verzehr vermarktete Kleie und Keime (außer Maisprodukte, Getreidebeikost, Cerealien und Snacks)	464	23	0	75
Brot (einschließlich Kleingebäck), feine Backwaren, Kekse, Getreidesnacks und Frühstückscerealien, Müsli (außer Maisprodukte)	513	26	0	50

Tab. 1.8 Anzahl der auf Fumonisin B1 und B2 im Jahr 2012 untersuchten Lebensmittelproben aus verschiedenen Warengruppen, Anzahl der positiven Proben und der Höchstmengenüberschreitungen (exemplarische Angaben zu einigen Warengruppen)

Warengruppe	Gesamtanzahl der Proben	Anzahl positiver Proben	Anzahl positiver Proben oberhalb der Höchstmenge	festgelegte Höchstmenge [μg/kg]
Frühstückscerealien und Snacks auf Maisbasis	18	14	0	800
Getreidekost und andere Beikost auf Maisbasis	26	7	0	200

Tab. 1.9 Anzahl der auf T-2 und HT-2-Toxin im Jahr 2012 untersuchten Lebensmittelproben aus verschiedenen Warengruppen, Anzahl der positiven Proben und der Höchstmengenüberschreitungen (exemplarische Angaben zu einigen Warengruppen)

Warengruppe	Gesamtanzahl der Proben		Anzahl positiver Proben		Maximalwert [μg/kg]	
	T-2	HT-2	T-2	HT-2	T-2	HT-2
Getreide, Getreidemehl, Kleie und Keime	644	611	57	33	20,6	87,4
unverarbeitetes Getreide außer Hafer	412	412	11	30	4,2	47,7

wird es als Dünger eingesetzt. Durch Überdüngung kann der Nitratgehalt einer Pflanze sehr hoch sein. Weitere Einflussfaktoren auf den Nitratgehalt einer Pflanze sind Pflanzenart, klimatische und geographische Bedingungen sowie der Erntezeitpunkt. In der Regel sind in den lichtärmeren Monaten die Nitratgehalte höher, da in diesen das Nitrat unvollständig abgebaut wird und sich in der Pflanze anreichert. Im Körper kann Nitrat zum Nitrit reduziert werden, aus dem durch Reaktion mit Eiweißstoffen Nitrosamine gebildet werden können, die nachweislich kanzerogene Eigenschaften besitzen[44].

---

[44] BfR (Bundesinstitut für Risikobewertung), 2009, Aktualisierte Stellungnahme Nr. 032/2009 zu Nitrat in Rucola, Spinat und Salat, http://www.bfr.bund.de/cm/343/nitrat_in_rucola_spinat_und_salat.pdf (aufgerufen am 31. Oktober 2011)

Tab. 1.10   Ergebnisse der Untersuchung zu Nitrat in frischem Spinat, frischem Salat (unter Glas/Folie angebauter Salat und Freilandsalat) und Rucola im Jahr 2012

Lebensmittel	Probenanzahl	Erntezeit	Höchstgehalt [mg NO_3/kg]	oberhalb des Höchstgehalts	
				Anzahl	Beanstandungen
frischer Spinat	94		3.500	7	5
haltbar gemachter, tiefgefrorener oder gefrorener Spinat	79		2.000	5	2
frischer Salat, unter Glas/Folie angebaut	31	Apr. – Sept.	4.000	0	0
		Okt. – Mrz.	5.000	0	0
frischer Salat, im Freiland angebaut	27	Apr. – Sept.	3.000	0	0
		Okt. – Mrz.	4.000	0	0
frischer Salat, unbekannte Wachstumsbedingungen[a]	201	Apr. – Sept.	3.000	2	0
		Okt. – Mrz.	4.000	5	0
Rucola	295	Apr. – Sept.	6.000	23	8
		Okt. – Mrz.	7.000	13	4

[a] Nach Verordnung (EG) Nr. 1881/2006 gelten die für im Freiland angebauten Salat festgelegten Höchstgehalte, wenn unter Glas/Folie angebauter Salat nicht als solcher gekennzeichnet ist.

1.13.1   Anlass der Kontrolle und Rechtsgrundlage

In den Erwägungsgründen zur Verordnung (EG) Nr. 1881/2006[45] wird zu dieser Thematik ausgeführt, dass Gemüse die Hauptquelle für die Aufnahme von Nitraten durch den Menschen ist. Es wird auf eine Stellungnahme des Wissenschaftlichen Lebensmittelausschusses (SCF) zu Nitrat und Nitrit aus dem Jahr 1995[46] Bezug genommen, in der festgestellt wurde, dass die Gesamtaufnahme an Nitraten normalerweise deutlich unter der duldbaren täglichen Aufnahme (TDI-Wert) liegt; gleichwohl wurde empfohlen, die Bemühungen zur Reduzierung der Nitratexposition aufgrund einer möglichen Entstehung von Nitriten und N-Nitrosoverbindungen durch Lebensmittel und Wasser fortzusetzen. Daher sollen die Mitgliedstaaten den Nitratgehalt von Gemüse, insbesondere von grünem Blattgemüse, überwachen und die Ergebnisse jährlich der EU-Kommission mitteilen. Höchstgehalte gelten gemäß der Verordnung (EG) Nr. 1881/2006 für Nitrat in Spinat und Salat sowie in Getreidebeikost und anderer Beikost für Säuglinge und Kleinkinder. Die Höchstgehalte für frischen Spinat und frischen Salat berücksichtigen die Abhängigkeit des Nitratgehaltes vom Erntezeitpunkt (Winter/Sommer) und der Anbauart (Freiland bzw. unter Glas/Folie).

1.13.2   Ergebnisse

Für das Berichtsjahr 2012 liegen 1.361 Ergebnisse von verschiedenen Gemüseproben in- und ausländischen Anbaus vor, die auf ihren Nitratgehalt untersucht wurden. Im Folgenden werden die Ergebnisse für Spinat, Kopfsalat und Rucola dargestellt. Die anderen Gemüsepflanzen wiesen nur geringe Nitratgehalte auf bzw. es wurden nur wenige Proben analysiert. Mit Inkrafttreten der Verordnung (EU) Nr. 1258/2011[47] am 01.04.2012 änderten sich die Höchstwerte für Nitrat in verschiedenen Lebensmitteln (Tab. 1.10).

Im Jahr 2012 wurden 94 Proben frischen Spinats untersucht. Davon wiesen 7 Proben eine Überschreitung des Höchstwertes auf, 5 wurden beanstandet. Von 79 untersuchten Proben haltbar gemachten, tiefgefrorenen oder gefrorenen Spinats überschritten 5 Proben die zulässige Höchstmenge, 2 wurden beanstandet (Tab. 1.10).

Hinsichtlich des Nitratgehaltes in frischem Salat wurden insgesamt 259 Proben analysiert. Bei 27 Proben war angegeben, dass es sich um Freilandsalat handelte und bei 31 Proben um unter Glas/Folie angebauten Salat. Keine dieser Proben überschritt die jeweilige Höchstmenge. Bei den übrigen Proben waren die Wachstumsbedingungen unbekannt. Für die Proben unbekannter Wachstumsbedingungen gelten nach Verordnung (EG) Nr. 1881/2006 die für im Freiland angebauten Salat festgelegten Höchstgehalte, da die Proben nicht als unter Glas/Folie angebaut gekennzeichnet wurden. Von

---

[45] Verordnung (EG) Nr. 1881/2006 der Kommission vom 19. Dezember 2006 zur Festsetzung der Höchstgehalte für bestimmte Kontaminanten in Lebensmitteln

[46] EC (European Commission), 1995, Opinion of the Scientific Committee for food on Nitrates and Nitrite, Reports of the SCF 38, S. 1 – 35, http://ec.europa.eu/food/fs/sc/scf/reports/scf_reports_38.pdf (aufgerufen am 31. Oktober 2011)

---

[47] Verordnung (EU) Nr. 1258/2011 der Kommission vom 2. Dezember 2011 zur Änderung der Verordnung (EG) Nr. 1881/2006 bezüglich der Höchstgehalte für Nitrate in Lebensmitteln

Abb. 1.3 Ergebnisse der Untersuchung von Steinobstbränden und Steinobsttrestern auf Ethylcarbamat im Jahr 2012 (Richtwert: 1 mg/L); nn = nicht nachweisbar, nb = nicht bestimmbar

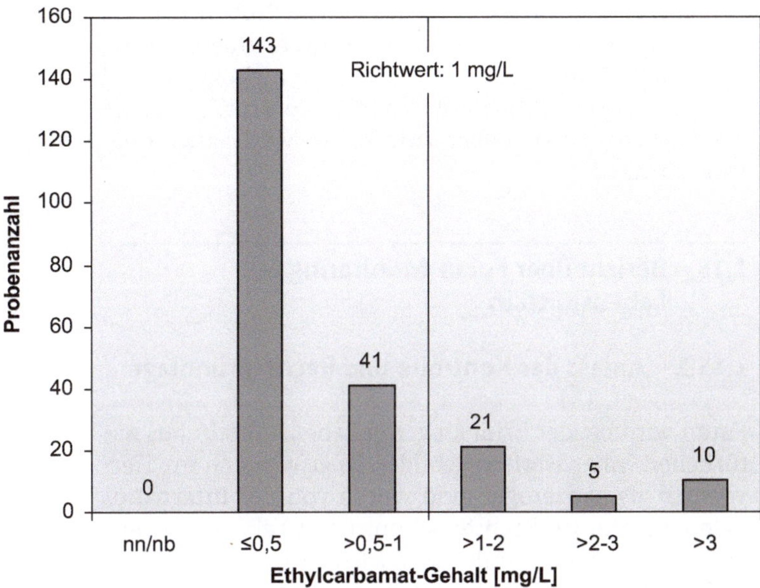

diesen Proben wurden die Höchstgehalte in 7 Fällen überschritten.

Im Berichtsjahr 2012 wurden zudem 295 Rucolaproben untersucht. Die neuen Grenzwerte für Nitrat in Rucola von 7.000 (Winter), bzw. 6.000 (Sommer) mg/kg wurden von 13 (4 Beanstandungen) bzw. 23 Proben (8 Beanstandungen) überschritten (Tab. 1.10).

1.14 Bericht über die Überprüfung des Ethylcarbamatgehalts in Steinobstbränden und Steinobsttrestern

Ethylcarbamat kommt in fermentierten Lebensmitteln und alkoholischen Getränken vor, insbesondere in Steinobstbränden und Steinobsttrestern. Wichtigste Vorstufe von Ethylcarbamat sind Blausäure und ihre Salze. Sie werden aus Blausäureglykosiden freigesetzt, die in den Steinen der Früchte enthalten sind. In einer lichtinduzierten Reaktion erfolgt anschließend die Umsetzung der Vorstufen mit Ethanol zu Ethylcarbamat.

1.14.1 Anlass der Kontrolle und Rechtsgrundlage

In den Erwägungsgründen der Empfehlung der EU-Kommission 2010/133/EU vom 2. März 2010[48] wird auf ein wissenschaftliches Gutachten des Gremiums für Kontaminanten der Europäischen Behörde für Lebensmittel-

sicherheit (EFSA)[49] Bezug genommen. Darin wird festgestellt, dass Ethylcarbamat in alkoholischen Getränken, vor allem in Steinobstbränden, gesundheitlich bedenklich ist und Maßnahmen ergriffen werden sollten, um die Ethylcarbamatkonzentrationen zu senken. Dem Gutachten zufolge werden Ethylcarbamat beim Tier genotoxische Eigenschaften zugeschrieben und die Verbindung wird als *Multisite*-Kanzerogen eingestuft. Auch beim Menschen ist sie wahrscheinlich kanzerogen.

Im Anhang der Empfehlung ist daher ein Verhaltenskodex zur Prävention und Reduzierung des Ethylcarbamatgehalts in Steinobstbränden und Steinobsttrestern enthalten. Um zu bewerten, wie sich dieser Verhaltenskodex auswirkt, überwachen die Mitgliedstaaten den Ethylcarbamatgehalt in Steinobstbränden und Steinobsttrestern in den Jahren 2010, 2011 und 2012 und übermitteln die Daten der EFSA. Als Zielwert wird 1 mg/L in trinkfertigen Spirituosen angestrebt.

1.14.2 Ergebnisse

In Abbildung 1.3 sind die Untersuchungsergebnisse für das Berichtsjahr 2012 dargestellt. Es wurden insgesamt 351 Proben von Steinobstbränden untersucht. In allen Proben lag der Ethylcarbamatgehalt oberhalb der Bestimmungsgrenze und wurde quantifiziert.

---

[48] Empfehlung der Kommission vom 2. März 2010 zur Prävention und Reduzierung von Ethylcarbamat in Steinobstbränden und Steinobsttrestern und zur Überwachung des Ethylcarbamatgehalts in diesen Getränken (2010/133/EU)

[49] EFSA (Europäische Behörde für Lebensmittelsicherheit), 2007, Gutachten des Wissenschaftlichen Gremiums für Kontaminanten in der Lebensmittelkette zu Ethylcarbamat und Blausäure in Lebensmitteln und Getränken, The EFSA Journal (2007) Nr. 551, S. 1 – 44, http://www.efsa.europa.eu/de/efsajournal/doc/551.pdf (aufgerufen am 31. Oktober 2011)

Der Zielwert von 1 mg/L wurde bei 36 Proben, d. h. bei 10,2 % der Gesamtproben, überschritten. Dabei betrug der Ethylcarbamatgehalt bei 21 Proben zwischen 1 und 2 mg/L und bei 5 Proben zwischen 2 und 3 mg/L. 10 Proben lagen im Bereich über 3 mg/L. Der Maximalwert betrug 8,9 mg/L.

1.15 Bericht über Furan-Monitoring in Lebensmitteln

1.15.1 Anlass der Kontrolle und Rechtsgrundlage

Furan wird bei der Erhitzung von Lebensmitteln aus natürlichen Inhaltsstoffen gebildet. Es erwies sich im Tierversuch als kanzerogen und wurde von der Internationalen Agentur für Krebsforschung (IARC) als „möglicherweise kanzerogen" für den Menschen eingestuft[50].

Gemäß den Erwägungsgründen der Empfehlung 2007/196/EG[51] veröffentlichte die *US Food and Drug Administration* (FDA) im Mai 2004 einen Bericht[52] zum Vorkommen von Furan in hitzebehandelten Lebensmitteln, z. B. Babynahrung, Kaffee, Suppen und Soßen sowie Lebensmittel in Dosen und Gläsern. Das Wissenschaftliche Gremium für Kontaminanten in der Lebensmittelkette der Europäischen Behörde für Lebensmittelsicherheit (EFSA) kam daraufhin in einer wissenschaftlichen Stellungnahme[53] zu dem Schluss, dass für eine zuverlässige Risikobewertung weitere Daten zur Toxizität und zur menschlichen Exposition erforderlich sind. Somit wurden die Mitgliedstaaten seitens der EU mittels Empfehlung 2007/196/EG aufgefordert, ein Monitoring zum Vorkommen von Furan in hitzebehandelten Lebensmitteln durchzuführen und die Daten regelmäßig der EFSA zur Verfügung zu stellen.

1.15.2 Ergebnisse

Im Berichtszeitraum 2012 wurden dem BVL keine auf Furanrückstände getesteten Lebensmittelproben gemeldet.

1.16 Bericht über die Ergebnisse der Lebensmittelkontrollen gemäß Bestrahlungsverordnung

1.16.1 Anlass der Kontrolle und Rechtsgrundlage

Grundsätzlich können Lebensmittel mit ionisierenden Strahlen behandelt werden, (a) um ihre Haltbarkeit zu erhöhen, (b) um die Anzahl unerwünschter Mikroorganismen zu verringern oder diese abzutöten, (c) zur Entwesung von Insekten oder (d) um eine vorzeitige Reifung, Sprossung oder Keimung von pflanzlichen Lebensmitteln zu verhindern. Gemäß der Rahmenrichtlinie 1999/2/EG[54] kann die Behandlung eines Lebensmittels mit ionisierender Strahlung zugelassen werden, wenn sie (i) technologisch sinnvoll und notwendig ist, (ii) gesundheitlich unbedenklich ist, (iii) für den Verbraucher nützlich ist und (iv) nicht als Ersatz für Hygiene- und Gesundheitsmaßnahmen, gute Herstellungs- oder landwirtschaftliche Praktiken eingesetzt wird. Die Bestrahlung der Lebensmittel erfolgt in speziellen, dafür zugelassenen Anlagen, und alle Lebensmittel, die als solche bestrahlt worden sind oder bestrahlte Bestandteile enthalten, müssen gekennzeichnet sein.

In allen EU-Mitgliedstaaten sind nach der Durchführungsrichtlinie 1993/3/EG[55] getrocknete aromatische Kräuter und Gewürze zur Bestrahlung zugelassen. Die Richtlinien 1999/2/EG und 1999/3/EG sind in Deutschland in der Lebensmittelbestrahlungsverordnung[56] umgesetzt. Bis zur Einigung auf eine endgültige Positivliste dürfen in einigen EU-Mitgliedstaaten in Übereinstimmung mit der Richtlinie 1999/2/EG darüber hinaus noch andere bestrahlte Lebensmittel in Verkehr gebracht werden, so u. a. in Großbritannien (z. B. Fische, Geflügel, Getreide und Obst), den Niederlanden (z. B. Hülsenfrüchte, Hühnerfleisch, Garnelen und tiefgefrorene Froschschenkel), Frankreich (z. B. Reismehl, tiefgefrorene Gewürzkräuter, Getreideflocken und Eiklar), Belgien (z. B. Erdbeeren, Gemüse und Knoblauch), Italien (z. B. Kartoffeln und Zwiebeln).

In Deutschland dürfen neben getrockneten Kräutern und Gewürzen aufgrund einer Allgemeinverfü-

---

[50] WHO, 1995, Furan, in: IARC Monographs on the Evaluation of Carcinogenic Risks to Humans, Dry Cleaning, Some Chlorinated Solvents and Other Industrial Chemicals 63, S. 393-407

[51] Empfehlung der Kommission vom 28. März 2007 über ein Monitoring zum Vorkommen von Furan in Lebensmitteln (2007/196/EG)

[52] FDA (US Food and Drug Administration), 2004, Exploratory Data on Furan in Food, http://www.fda.gov/ohrms/dockets/ac/04/briefing/4045b2_09_furan%20data.pdf (aufgerufen am 28. Oktober 2011)

[53] EFSA (Europäische Behörde für Lebensmittelsicherheit), 2004, Report of the scientific Panel of Contaminants in the Food Chain on provisional findings on furan in food, The EFSA Journal (2004) 137, S. 1 – 20, http://www.efsa.europa.eu/de/efsajournal/doc/137.pdf (aufgerufen am 31. Oktober 2011)

[54] Richtlinie 1999/2/EG des Europäischen Parlaments und des Rates vom 22.02.1999 zur Angleichung der Rechtsvorschriften der Mitgliedsstaaten über mit ionisierenden Strahlen behandelte Lebensmittel

[55] Richtlinie 1999/3/EG des Europäischen Parlaments und des Rates vom 22.02.1999 über die Festlegung einer Gemeinschaftsliste von mit ionisierenden Strahlen behandelten Lebensmitteln und Lebensmittelbestandteilen.

[56] Verordnung über die Behandlung von Lebensmitteln mit Elektronen-, Gamma- und Röntgenstrahlen, Neutronen und ultravioletten Strahlen (Lebensmittelbestrahlungsverordnung-LMBestrV) vom 14.12.2000 (BGBl. I 2000, S. 1730)

Tab. 1.11 Ergebnisse der Kontrollen von Proben aus verschiedenen Lebensmittelgruppen auf der Stufe des Inverkehrbringens auf Behandlung mit ionisierenden Strahlen im Jahr 2012

	Proben-anzahl	nicht bestrahlt	bestrahlt (Bestrahlung zulässig), ordnungsgemäß gekennzeichnet	bestrahlt (Bestrahlung zulässig), nicht ordnungsgemäß gekennzeichnet	bestrahlt (Zulässigkeit der Bestrahlung nicht geklärt)	bestrahlt (Bestrahlung nicht zulässig)
Käse, Käsezubereitungen mit Kräutern/ Gewürzen	61	61	–	–	–	–
Käse, Käsezubereitungen ohne Kräuter/ Gewürze	1	1	–	–	–	–
Kräuterbutter	1	1	–	–	–	–
Eier- und Eiprodukte	16	16	–	–	–	–
Fleisch (ohne Geflügel und Wild)	18	18	–	–	–	–
Geflügel	83	83	–	–	–	–
Fleischerzeugnisse (ohne Wurstwaren)	51	51	–	–	–	–
Wild	1	1	–	–	–	–
Wurstwaren	19	19	–	–	–	–
Fisch und Fischerzeugnisse	81	76	–	–	–	5
Krustentiere, Schalentiere und sonstige Wassertiere sowie deren Erzeugnisse	153	147	–	3	–	3
Suppen, Saucen, einschließlich Instant-Nudelsuppen und Instant-Gerichte	146	114	29	1	2	–
Getreide und Getreideerzeugnisse	27	27	–	–	–	–
Hülsenfrüchte, Ölsamen und Schalenobst	72	72	–	–	–	–
Kartoffeln und Teile von Pflanzen mit hohem Stärkegehalt	29	29	–	–	–	–
Gemüse, frisch	34	34	–	–	–	–
Gemüse, getrocknet u. a. Gemüseerzeugnisse	72	72	–	–	–	–
Pilze, frisch	22	22	–	–	–	–
Pilze, getrocknet u. a. Pilzerzeugnisse	106	106	–	–	–	–
Obst, frisch	69	69	–	–	–	–
Obst, getrocknet u. a. Obsterzeugnisse	127	126	–	–	1	–
Kaffee	4	4	–	–	–	–
Tee und teeähnliche Erzeugnisse	139	139	–	–	–	–
Fertiggerichte	7	6	–	–	1	–
Nahrungsergänzungsmittel	187	173	–	–	9	5
Würzmittel	241	235	2	2	2	–
Kräuter und Gewürze, getrocknet	1.127	1.111	1	2	14	–
Sonstiges	31	30	–	–	1	1
Summe	**2.925**	**2.843**	**31**	**8**	**29**	**14**

gung[57] auch bestrahlte Froschschenkel angeboten werden.

Gemäß der Richtlinie 1999/2/EG sollen alle EU-Mitgliedstaaten der EU-Kommission jährlich über die Ergebnisse ihrer Kontrollen berichten, die in den Bestrahlungsanlagen durchgeführt wurden (insbesondere über Gruppen und Mengen der behandelten Erzeugnisse sowie den verabreichten Dosen) und die auf der Stufe des Inverkehrbringens durchgeführt wurden. Auch soll über die zum Nachweis der Bestrahlung angewandten Methoden berichtet werden.

---

[57] Bekanntmachung einer Allgemeinverfügung gemäß §54 des Lebensmittel- und Futtermittelgesetzbuches (LFGB) über das Verbringen und Inverkehrbringen von tiefgefrorenen, mit ionisierenden Strahlen behandelten Froschschenkeln (BAnz Nr. 1156, S. 4665)

Abb. 1.4 Vergleich der Art der Beanstandung in Proben, die auf eine Behandlung mit ionisierenden Strahlen auf der Stufe des Inverkehrbringens kontrolliert wurden (im Zeitraum 2006 bis 2012)

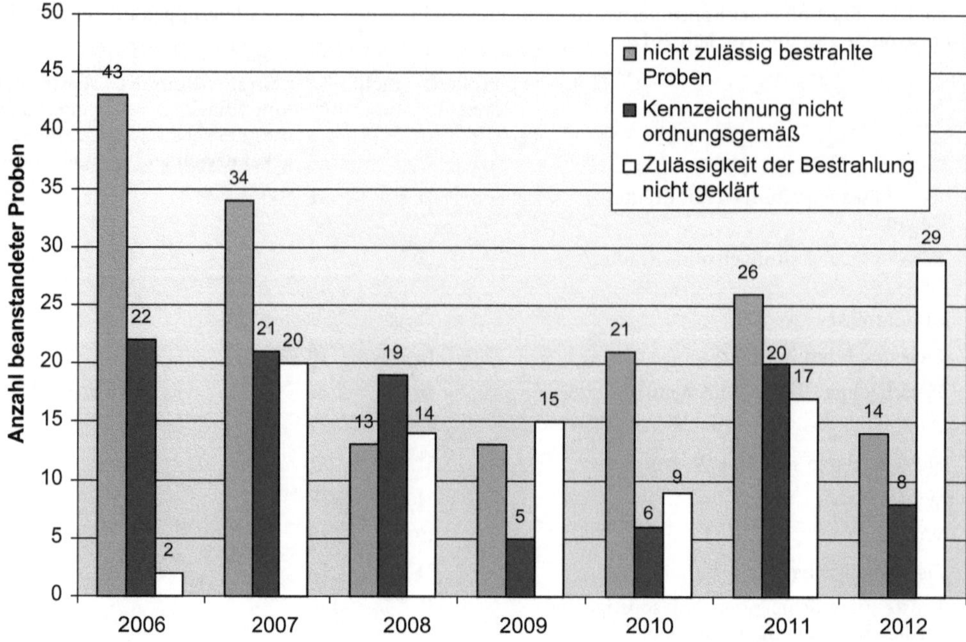

1.16.2 Ergebnisse

Im Jahr 2012 wurden insgesamt 2.925 untersuchte Proben gemeldet und damit 87 Proben (ca. 3 %) weniger als im Vorjahr. Die Ergebnisse sind in Tabelle 1.11 dargestellt. Eine Bestrahlung wurde bei 82 Proben nachgewiesen, von diesen waren 51 Proben, d. h. 1,7 % der Gesamtprobenzahl, zu beanstanden. Grund für die Beanstandungen war, dass 8 Proben zwar zulässig bestrahlt, aber nicht ordnungsgemäß gekennzeichnet waren. 14 Proben wurden nicht zulässig bestrahlt und bei 29 bestrahlten Proben konnte nicht abschließend geklärt werden, ob die Bestrahlung zulässig gewesen war. Ein Grund dafür ist die eingeschränkte Aussagekraft der CEN-Methode EN 1788. Diese ermöglicht keine Aussage darüber, ob bei zusammengesetzten Produkten, wie Instant-Nudelgerichten oder Trockensuppen, nur die getrockneten Kräuter und Gewürze bestrahlt wurden oder das gesamte Produkt.

In Abbildung 1.4 wird die Häufigkeit der Beanstandungsgründe von 2006 bis 2012 verglichen. Bei insgesamt sinkenden Beanstandungen steigt die Anzahl der Fälle, bei denen die Zulässigkeit der Bestrahlung sich nicht klären ließ.

In 2012 wurde die größte Anzahl an Beanstandungen in den Produktgruppen Krusten- und Schalentiere (6 Proben), Fische und Fischerzeugnisse (5 Proben) und Nahrungsergänzungsmittel (5 Proben) gefunden. Nicht zulässig bestrahlt waren dabei Nahrungsergänzungsmittel (5 Proben), Fisch/Fischerzeugnisse (5 Proben) sowie Krusten- und Schalentiere (3 Proben). Die Zulässigkeit der Be-

strahlung konnte insbesondere in den Produktgruppen der getrockneten Kräuter und Gewürze (14 Proben) sowie der Nahrungsergänzungsmittel nicht geklärt werden. Proben, die nicht ordnungsgemäß gekennzeichnet waren, wurden hauptsächlich in den Produktgruppen Krusten- und Schalentiere, getrocknete Kräuter und Gewürze sowie den Würzmitteln gefunden.

Für das Jahr 2012 waren hinsichtlich der Überprüfung von Bestrahlungsanlagen nach Richtlinie 1999/2/EG 4 Kontrollberichte angegeben (Fa. Gamma Service Produktbestrahlung, Radeberg; Fa. Synergy Health, Allershausen; Fa. Beta-Gamma-Service GmbH & Co. KG, Wiehl). In der Bestrahlungsanlage der Firma Beta-Gamma-Service in Bruchsal wurden 2012 keine Lebensmittel bestrahlt.

Insgesamt wurden etwa 289 Tonnen Lebensmittel bestrahlt. Davon waren etwa 132 Tonnen für die EU bestimmt. Die durchschnittliche absorbierte Dosis wurde für bestrahlte Lebensmittel mit Bestimmung für die EU mit $< 10\,\text{kGy}$ angegeben.

1.16.3 Ergebnisse aus den Berichten der EU-Kommission der Jahre 2006 – 2011

Die Berichte der einzelnen Mitgliedstaaten über die Bestrahlung von Lebensmitteln werden jährlich zusammengefasst[58]. In Tabelle 1.12 sind die Ergebnisse der Jahre 2006 bis 2011 dargestellt. Die Menge bestrahlter Lebens-

---

[58] Europäische Kommission, Jährliche Berichte über die Bestrahlung von Lebensmitteln, http://ec.europa.eu/food/food/biosafety/irradiation/index_de.htm (aufgerufen am 15. März 2012)

Tab. 1.12 Vergleich der Berichtsjahre 2006 bis 2011 hinsichtlich der Bestrahlung von Lebensmitteln in der EU. (Der von der EU-Kommission zusammengefasste Bericht für 2012 lag bei Redaktionsschluss noch nicht vor.)

	2006	2007	2008	2009	2010	2011
Anzahl Bestrahlungsanlagen	21 (10 MS)	22 (11 MS)	23 (12 MS)	23 (12 MS)	23 (13)	24 (13)
Menge bestrahlter Lebensmittel	15.058 t	8.154 t	8.718 t	6.637 t	9.263 t	8.067 t
Anzahl Mitgliedstaaten, die Kontrollen durchführt haben	18 (von 25)	21 (von 27)	24 (von 27)	24 (von 27)	24 (von 27)	24 (von 27)
Gesamtanzahl Lebensmittelproben	6.386	6.463	6.220	6.265	6.244	5.397
vorschriftsgemäß	6.175 (96,7 %)	6.176 (95,6 %)	6.004 (96,5 %)	6.045 (96,5 %)	6.052 (96,9 %)	5.232 (96,9 %)
nicht vorschriftsgemäß	211 (3,3 %)	203 (3,1 %)	142 (2,3 %)	127 (2,0 %)	144 (2,3 %)	105 (1,9 %)
nicht eindeutig[a]	0	84 (1,3 %)	74 (1,2 %)	93 (1,5 %)	48 (0,7 %)	60 (1,1 %)

[a] Nicht eindeutige Proben wurden erst ab 2007 im EU-Bericht aufgeführt; MS = Mitgliedstaat.

Abb. 1.5 Vergleich der Probenanzahl, die auf eine Behandlung mit ionisierenden Strahlen auf der Stufe des Inverkehrbringens kontrolliert wurden (Europa und Deutschland im Zeitraum 2003 bis 2011)

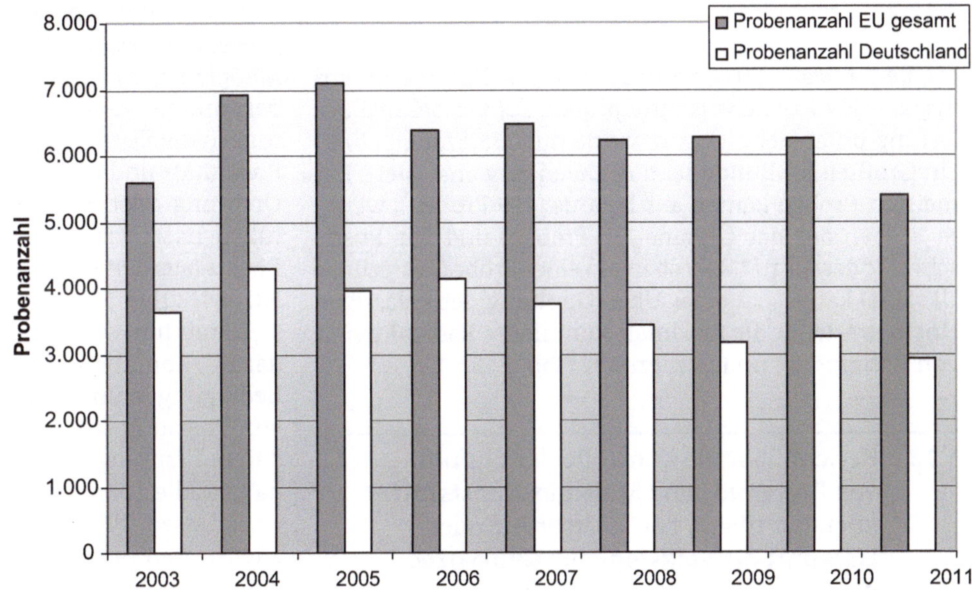

mittel war im Jahr 2006 mit 15.058 t bislang am höchsten; im letzten Berichtsjahr (2011) waren es ca. 8.000 t. Fast alle Mitgliedstaaten führen jährlich amtliche Kontrollen bzgl. einer möglichen Bestrahlung von Lebensmitteln durch. Es werden jährlich europaweit über 5.000 Lebensmittel beprobt. Die Beprobungen werden in allen Berichtsjahren zu mehr als der Hälfte von Deutschland durchgeführt (vgl. Abb. 1.5).

1.17 Bericht über die Kontrolle von Lebensmitteln aus Drittländern nach dem Unfall im Kernkraftwerk Tschernobyl

1.17.1 Anlass der Kontrolle und Rechtsgrundlage

Durch den Unfall im Kernkraftwerk von Tschernobyl am 26. April 1986 wurden beträchtliche Mengen radioaktiver Elemente freigesetzt und verbreiteten sich in der Atmosphäre. Um die Gesundheit des Verbrauchers zu schützen und gleichzeitig den Handel zwischen der EU und den betroffenen Drittländern nicht ungebührend zu beeinträchtigen, wurden gemäß den Erwägungsgründen der Verordnung (EWG) Nr. 737/90[59] Radioaktivitätshöchstwerte für landwirtschaftliche Erzeugnisse mit Ursprung in Drittländern festgelegt. Die Mitgliedstaaten haben die Einhaltung der Höchstwerte zu kontrollieren und die Ergebnisse der EU-Kommission mitzuteilen.

Die Verordnung (EWG) Nr. 737/90 wurde durch die Verordnung (EG) Nr. 733/2008[60] kodifiziert. Letztere wä-

[59] Verordnung (EWG) Nr. 737/90 des Rates vom 22. März 1990 über die Einfuhrbedingungen für landwirtschaftliche Erzeugnisse mit Ursprung in Drittländern nach dem Unfall im Kernkraftwerk Tschernobyl
[60] Verordnung (EG) Nr. 733/2008 des Rates vom 15. Juli 2008 über die Einfuhrbedingungen für landwirtschaftliche Erzeugnisse mit Ursprung in Drittländern nach dem Unfall im Kernkraftwerk Tschernobyl (kodifizierte Fassung)

re 2010 außer Kraft getreten. Da aber die Überschreitung von Höchstgrenzen weiterhin nachzuweisen war und die Halbwertszeit von 30 Jahren von Cäsium-137 wissenschaftlich belegt ist, wurde die Geltungsdauer der Verordnung (EG) Nr. 733/2008 durch die Verordnung (EG) Nr. 1048/2009 um 10 Jahre bis zum 31. März 2020 verlängert.

Als Höchstwerte für die maximale kumulierte Radioaktivität von Cäsium-134 und Cäsium-137 sind 370 Bq/kg für Milch und Milcherzeugnisse sowie für bestimmte Kleinkindernahrung sowie 600 Bq/kg für alle anderen betroffenen Erzeugnisse festgelegt.

1.17.2 Ergebnisse

Im Berichtsjahr 2012 wurden von den Bundesländern insgesamt 1.079 Lebensmittelproben auf radioaktive Belastung untersucht. Davon wurde mit 755 Proben (70 %) ein Großteil im Bundesland Brandenburg analysiert. Die meisten Proben kamen aus Belarus (499 Proben), weitere Proben aus der Ukraine (66 Proben) und der Russischen Föderation (218 Proben). In einer Probe (Pfifferlinge Ukraine) kam es zu einer Überschreitung der zulässigen Höchstwerte für die maximale kumulierte Radioaktivität von Cäsium-134 und Cäsium-137 (Tab. 1.13).

1.18 Bericht über die Kontrolle der Einfuhr von Polyamid- und Melamin-Kunststoffküchenartikeln, deren Ursprung oder Herkunft die Volksrepublik China bzw. die Sonderverwaltungsregion Hongkong (China) ist

1.18.1 Anlass der Kontrolle und Rechtsgrundlage

Für Melamin-Küchenartikel, deren Ursprung oder Herkunft China bzw. Hongkong ist, wurden Migrationswerte von Formaldehyd und primären aromatischen Aminen in Lebensmitteln gemeldet, die über den zugelassenen Werten liegen. Primäre aromatische Amine sind eine Gruppe von Verbindungen, von denen einige krebserregend sind; bei anderen besteht zumindest der Verdacht auf eine krebserregende Wirkung. Sie können aufgrund von Verunreinigungen oder Abbauprodukten in Materialien auftreten, die dazu bestimmt sind, mit Lebensmitteln in Berührung zu kommen. Gemäß der Richtlinie 2002/72/EG ist die Verwendung von Formaldehyd bei der Herstellung von Kunststoffen zulässig, sofern diese Kunststoffe nicht mehr als 15 mg/kg Formaldehyd an Lebensmittel abgeben. In den letzten Jahren hatte die EU-Kommission mehrere Initiativen eingeleitet, um die Kenntnis der Anforderungen des EU-Rechts in Bezug auf Lebensmittelkontaktmaterialien für die Einfuhr in die EU zu fördern, darunter Fortbildungsmaßnahmen für chinesische Aufsichtsbehörden und Hersteller. Trotz dieser Initiativen stellte das Lebensmittel- und Veterinäramt 2009 bei Inspektionsbesuchen in China und Hongkong schwere Mängel im amtlichen Kontrollsystem in Bezug auf Lebensmittelkontaktmaterialien aus Kunststoff für die Einfuhr in die EU fest, und große Mengen der kontrollierten Polyamid- und Melamin-Kunststoffküchenartikel, deren Ursprung oder Herkunft China bzw. Hongkong ist, erfüllen nach wie vor nicht die Anforderungen des EU-Rechts (aus den Erwägungsgründen der Verordnung (EU) Nr. 284/2011).

Daraufhin wurde die Verordnung (EU) Nr. 284/2011 der EU-Kommission vom 22. März 2011 mit besonderen Bedingungen und detaillierten Verfahren für die Einfuhr von Polyamid- und Melamin-Kunststoffküchenartikeln, deren Ursprung oder Herkunft die Volksrepublik China bzw. die Sonderverwaltungsregion Hongkong (China) ist, erlassen, die am 01.07.2011 in Kraft trat. Die Mitgliedstaaten haben Dokumentenprüfung, Nämlichkeitskontrollen, Warenuntersuchungen sowie Laboruntersuchungen in 10 % der Sendungen durchzuführen und die Ergebnisse der EU-Kommission quartalsweise mitzuteilen.

1.18.2 Ergebnisse

Gemäß Verordnung (EU) Nr. 284/2011 wurden von den Bundesländern 2012 insgesamt 413 Sendungen kontrolliert und regelmäßig berichtet. Es kam zu keiner Beanstandung.

Tab. 1.13 Anzahl und Herkunft der Proben aus verschiedenen Lebensmittelgruppen zur Überprüfung auf die Einhaltung der Radioaktivitätshöchstwerte für das Berichtsjahr 2012

Meldungen Bundesländer	Anzahl der gemeldeten Proben	davon Höchstwertüberschreitungen[a]	Drittland (keine Angabe)	Belarus	Bosnien und Herzegowina	Island	Mazedonien	Norwegen	Russische Föderation	Schweiz	Serbien	Türkei	Ukraine	unbekannt
Baden-Württemberg	0													
Bayern	11		11											
Berlin	28			2	1		1		8			2		14
Brandenburg	755	1[b]		486					203				66	
Bremen	17		5			1								11
Hamburg	12			1					6	2	1	2		
Hessen	9			5			1	1	1			1		
Mecklenburg-Vorpommern	5			5										
Niedersachsen	1									1				
Nordrhein-Westfalen	62		62											
Rheinland-Pfalz	156		54											102
Saarland														
Sachsen	23		16											7
Sachsen-Anhalt														
Schleswig-Holstein														
Thüringen														
Gesamt	**1.079**	**1**	**148**	**499**		**1**	**1**	**2**	**1**	**218**	**3**	**1**	**5**	**66**	**134**

[a] die maximale kumulierte Radioaktivität von Cäsium-134 und Cäsium-137
[b] Bei der Probe mit Höchstwertüberschreitung handelt es sich um frische Pfifferlinge aus der Ukraine – Schnellwarnmeldung mit der Buchstabenkennung 2012.CEY.

2.1 Ziele, rechtliche Grundlagen und Organisation

2.1.1 Programm und Ziele

Der Nationale Rückstandskontrollplan (NRKP) ist ein Programm zur Überwachung von Lebensmitteln tierischer Herkunft. Untersucht wird das Vorhandensein von Rückständen gesundheitlich unerwünschter Stoffe. Der NRKP umfasst verschiedene Produktionsstufen, von den Tierbeständen bis hin zu Betrieben, die Primärerzeugnisse gewinnen oder verarbeiten.

Eingeführt wurde der NRKP im Jahre 1989. Die Programmplanung und -durchführung erfolgen in der Europäischen Union (EU) nach einheitlich festgelegten Maßstäben. Der NRKP wird jährlich neu erstellt. Er enthält für jedes Land konkrete Vorgaben über die Anzahl der zu untersuchenden Tiere oder tierischen Erzeugnisse, die zu untersuchenden Stoffe, die anzuwendende Methodik und die Probenahme. Die Probenahme erfolgt zielorientiert, d. h. unter Berücksichtigung von Kenntnissen über örtliche oder regionale Gegebenheiten oder von Hinweisen auf unzulässige oder vorschriftswidrige Tierbehandlungen. Die Untersuchungen dienen somit der gezielten Überwachung des rechtskonformen Einsatzes von pharmakologisch wirksamen Stoffen, der Kontrolle der Einhaltung des Anwendungsverbotes bestimmter Stoffe und der Sammlung von Erkenntnissen über die Belastung mit Umweltkontaminanten.

Die Proben werden an der Basis der Lebensmittelkette entnommen. Das sichert die Rückverfolgbarkeit zum Ursprungsbetrieb, sodass der Erzeuger direkt für die Qualität bzw. Mängel seiner Produkte verantwortlich gemacht werden kann. Durch die zielorientierte Probenauswahl ist mit einer größeren Anzahl positiver Rückstandsbefunde zu rechnen als bei einer Probenahme nach dem Zufallsprinzip. Der NRKP ist somit nicht auf die Erhebung statistisch repräsentativer Daten ausgerichtet. Allgemeingültige Schlussfolgerungen über die tatsächliche Belastung tierischer Erzeugnisse mit unerwünschten Stoffen können daher aus den erhobenen Daten nicht abgeleitet werden.

Nach Anhang II Abs. 1 der Verordnung (EG) Nr. 136/2004 haben die Mitgliedstaaten Sendungen von Erzeugnissen, die zur Einfuhr vorgestellt werden, einem Überwachungsplan zu unterziehen. Demnach werden Kontrollen von Erzeugnissen tierischen Ursprungs aus Nicht-EU-Staaten seit 2004 nach einem bundeseinheitlichen Einfuhrrückstandskontrollplan und seit 2010 nach einem Einfuhrüberwachungsplan (EÜP) durchgeführt. Die Untersuchung der Sendungen und die Probenahmen erfolgen an den Grenzkontrollstellen.

2.1.2 Rechtliche Grundlagen (Stand zum Berichtszeitraum 2012)

Der NRKP und der EÜP sowie die Bewertung der Untersuchungsergebnisse werden auf Ebene der Europäischen Gemeinschaft (EG) auf Grundlage folgender Rechtsvorschriften[1] in ihrer jeweils aktuellen Fassung erstellt:

- Richtlinie 96/23/EG des Rates vom 29. April 1996 über Kontrollmaßnahmen hinsichtlich bestimmter Stoffe und ihrer Rückstände in lebenden Tieren und tierischen Erzeugnissen und zur Aufhebung der Richtlinien 85/358/EWG und 86/469/EWG und der Entscheidungen 89/187/EWG und 91/664/EWG (Amtsblatt, ABl. L 125, S. 10)
- Entscheidung 97/747/EG der Kommission vom 27. Oktober 1997 über Umfang und Häufigkeit der in der Richtlinie 96/23/EG des Rates vorgesehenen Probenahmen zum Zweck der Untersuchung in Bezug auf bestimmte Stoffe und ihre Rückstände in bestimmten tierischen Erzeugnissen (ABl. L 303, S. 12)
- Entscheidung 98/179/EG der Kommission vom 23. Februar 1998 mit Durchführungsvorschriften für die

---

[1] Die an dieser Stelle aufgelisteten Rechtsgrundlagen werden im Literaturverzeichnis nicht aufgeführt.

Berichte zur Lebensmittelsicherheit 2012, DOI 10.1007/978-3-319-06329-4_2,
© Bundesamt für Verbraucherschutz und Lebensmittelsicherheit (BVL) 2015

amtlichen Probenahmen zur Kontrolle von lebenden Tieren und tierischen Erzeugnissen auf bestimmte Stoffe und ihre Rückstände (ABl. L 65, S. 31)

- Richtlinie 96/22/EG des Rates vom 29. April 1996 über das Verbot der Verwendung bestimmter Stoffe mit hormonaler bzw. thyreostatischer Wirkung und von Beta-Agonisten in der tierischen Erzeugung und zur Aufhebung der Richtlinien 81/602/EWG, 88/146/EWG und 88/299/EWG (ABl. L 125, S. 3)
- Verordnung (EG) Nr. 470/2009 des Europäischen Parlaments und des Rates vom 6. Mai 2009 über die Schaffung eines Gemeinschaftsverfahrens für die Festsetzung von Höchstmengen für Rückstände pharmakologisch wirksamer Stoffe in Lebensmitteln tierischen Ursprungs, zur Aufhebung der Verordnung (EWG) Nr. 2377/90 des Rates und zur Änderung der Richtlinie 2001/82/EG des Europäischen Parlaments und des Rates und der Verordnung (EG) Nr. 726/2004 des Europäischen Parlaments und des Rates (ABl. L 152, S. 11)
- Verordnung (EU) Nr. 37/2010 der Kommission vom 22. Dezember 2009 über pharmakologisch wirksame Stoffe und ihre Einstufung hinsichtlich der Rückstandshöchstmengen in Lebensmitteln tierischen Ursprungs (ABl. L 15, S. 1)
- Entscheidung 2002/657/EG der Kommission vom 12. August 2002 zur Umsetzung der Richtlinie 96/23/EG des Rates betreffend die Durchführung von Analysemethoden und die Auswertung von Ergebnissen (ABl. L 221, S. 8)
- Verordnung (EG) Nr. 401/2006 der Kommission vom 23. Februar 2006 zur Festlegung der Probenahmeverfahren und Analysemethoden für die amtliche Kontrolle des Mykotoxingehaltes von Lebensmitteln (ABl. L 70, S. 12), zuletzt geändert durch Verordnung (EU) Nr. 178/2010 der Kommission vom 2. März 2010 (ABl. L 52, S. 32)
- Verordnung (EG) Nr. 1881/2006 der Kommission vom 19. Dezember 2006 zur Festsetzung der Höchstgehalte für bestimmte Kontaminanten in Lebensmitteln (ABl. L 364, S. 5)
- Verordnung (EG) Nr. 1883/2006 der Kommission vom 19. Dezember 2006 zur Festlegung der Probenahmeverfahren und Analysemethoden für die amtliche Kontrolle der Gehalte von Dioxinen und dioxinähnlichen PCB in bestimmten Lebensmitteln (ABl. L 364, S. 32). Diese Verordnung wurde mit Inkrafttreten der Verordnung (EU) Nr. 252/2012 ab 11. April 2012 aufgehoben.
- Verordnung (EU) Nr. 252/2012 der Kommission vom 21. März 2012 zur Festlegung der Probenahmeverfahren und Analysemethoden für die amtliche Kontrolle der Gehalte an Dioxinen, dioxinähnlichen PCB und nicht dioxinähnlichen PCB in bestimmten Lebensmitteln sowie zur Aufhebung der Verordnung (EG) Nr. 1883/2006 (ABl. L 84 S. 1)
- Verordnung (EG) Nr. 333/2007 der Kommission vom 28. März 2007 zur Festlegung der Probenahmeverfahren und Analysemethoden für die amtliche Kontrolle des Gehalts an Blei, Cadmium, Quecksilber, anorganischem Zinn, 3-MCPD und Benzo(a)pyren in Lebensmitteln (ABl. L 88, S. 29)
- Verordnung (EG) Nr. 396/2005 des Europäischen Parlaments und des Rates vom 23. Februar 2005 über Höchstgehalte an Pestizidrückständen in oder auf Lebens- und Futtermitteln pflanzlichen und tierischen Ursprungs und zur Änderung der Richtlinie 91/414/EWG (ABl. L 70, S. 1)
- Verordnung (EG) Nr. 136/2004 der Kommission vom 22. Januar 2004 mit Verfahren für die Veterinärkontrollen von aus Drittländern eingeführten Erzeugnissen an den Grenzkontrollstellen der Gemeinschaft (ABl. L 21, S. 11)
- Verordnung (EG) Nr. 882/2004 des Europäischen Parlaments und des Rates vom 29. April 2004 über amtliche Kontrollen zur Überprüfung der Einhaltung des Lebensmittel- und Futtermittelrechts sowie der Bestimmungen über Tiergesundheit und Tierschutz (ABl. L 165, S. 1)
- Verordnung (EG) Nr. 853/2004 des Europäischen Parlamentes und des Rates vom 29. April 2004 mit spezifischen Hygienevorschriften für Lebensmittel tierischen Ursprungs (ABl. L 139, S. 55)
- Verordnung (EG) Nr. 854/2004 des Europäischen Parlamentes und des Rates vom 29. April 2004 mit besonderen Verfahrensvorschriften für die amtliche Überwachung von zum menschlichen Verzehr bestimmten Erzeugnissen tierischen Ursprungs (ABl. L 139, S. 206)
- Entscheidung 363/2007/EG der Kommission vom 21. Mai 2007 über Leitlinien zur Unterstützung der Mitgliedstaaten bei der Ausarbeitung des integrierten mehrjährigen nationalen Kontrollplans gemäß der Verordnung (EG) Nr. 882/2004 des Europäischen Parlaments und des Rates (ABl. L 138, S. 24)
- Verordnung (EG) Nr. 124/2009 zur Festlegung von Höchstgehalten an Kokzidiostatika und Histomonostatika, die in Lebensmitteln aufgrund unvermeidbarer Verschleppung in Futtermittel für Nichtzieltierarten vorhanden sind (ABl. L 40, S. 7)
- Richtlinie 97/78/EG des Rates vom 18. Dezember 1997 zur Festlegung von Grundregeln für die Veterinärkontrollen von aus Drittländern in die Gemeinschaft eingeführten Erzeugnissen (ABl. L 24, S. 9)
- Richtlinie 2001/110/EG des Rates vom 20. Dezember 2001 über Honig (ABl. L 10, S. 47)

- Beschluss 2011/163/EU der Kommission vom 16. März 2011 zur Genehmigung der von Drittländern gemäß Art. 29 der Richtlinie 96/23/EG des Rates vorgelegten Pläne (ABl. L 70, S. 40)
- Entscheidung 2005/34/EG der Kommission vom 11. Januar 2005 zur Festlegung einheitlicher Normen für die Untersuchung von aus Drittländern eingeführten Erzeugnissen tierischen Ursprungs auf bestimmte Rückstände (ABl. L 16, S. 61)
- CRL-Leitfaden (guidance paper) vom 7. Dezember 2007 zur Festlegung von empfohlenen Konzentrationen (recommended concentrations).

Die im Folgenden aufgeführten Vorschriften in ihrer jeweils aktuellen Fassung stellen die entsprechenden nationalen Grundlagen für den NRKP und den EÜP sowie für die Rückstandsbeurteilung dar:
- Lebensmittel-, Bedarfsgegenstände- und Futtermittelgesetzbuch (Lebensmittel- und Futtermittelgesetzbuch – LFGB) in der Fassung der Bekanntmachung vom 22. August 2011 (Bundesgesetzblatt, BGBl. I, S. 1770)
- Verordnung über Anforderungen an die Hygiene beim Herstellen, Behandeln und Inverkehrbringen von bestimmten Lebensmitteln tierischen Ursprungs (Tierische Lebensmittel-Hygieneverordnung – Tier-LMHV) in der Fassung der Bekanntmachung vom 8. August 2007 (BGBl. I, S. 1816, 1828)
- Verordnung zur Regelung bestimmter Fragen der amtlichen Überwachung des Herstellens, Behandelns und Inverkehrbringens von Lebensmitteln tierischen Ursprungs (Tierische Lebensmittel-Überwachungsverordnung) in der Fassung der Bekanntmachung vom 08. August 2007 (BGBl. I, S. 1816, 1864)
- Lebensmitteleinfuhr-Verordnung (LMEV) in der Fassung der Bekanntmachung vom 15. September 2011 (BGBl. I, S. 1860)
- Allgemeine Verwaltungsvorschrift über die Durchführung der amtlichen Überwachung der Einhaltung von Hygienevorschriften für Lebensmittel tierischen Ursprungs und zum Verfahren zur Prüfung von Leitlinien für eine gute Verfahrenspraxis (AVV Lebensmittelhygiene – AVV-LmH) in der Fassung der Bekanntmachung vom 9. November 2009 (Bundesanzeiger, BAnz. Nr. 178a)
- Honigverordnung in der Fassung der Bekanntmachung vom 16. Januar 2004 (BGBl. I, S. 92)
- Verordnung zur Begrenzung von Kontaminanten in Lebensmitteln und zur Änderung oder Aufhebung anderer lebensmittelrechtlicher Verordnungen (Kontaminanten-Verordnung) vom 19. März 2010 (BGBl. I, S. 286)

- Rückstands-Höchstmengenverordnung (RHmV) in der Fassung der Bekanntmachung vom 21. Oktober 1999 (BGBl. I, S. 2082, ber. 2002, S. 1004)
- Eingreifwerte beim Nachweis natürlicher Sexualhormone
- Verschiedene arzneimittelrechtliche und tierarzneimittelrechtliche Vorschriften.

2.1.3   Organisation

Der NRKP und der EÜP werden von den Ländern gemeinsam mit dem Bundesamt für Verbraucherschutz und Lebensmittelsicherheit (BVL) als koordinierende Stelle durchgeführt. Sie sind eine eigenständige gesetzliche Aufgabe im Rahmen der amtlichen Lebensmittel- und Veterinärüberwachung der Länder.

In der Zuständigkeit des BVL liegen folgende Aufgaben:
a) Erstellung des NRKP bzw. Mitarbeit bei der Erstellung des EÜP
b) Sammlung und Auswertung der Daten zu den Untersuchungsergebnissen der Länder
c) Zusammenfassung der Daten
d) Weitergabe der Daten an die Europäische Kommission
e) Veröffentlichung der Daten
f) koordinierende Funktion zwischen den staatlichen Behörden
g) Funktion als Nationales Referenzlabor.

In der Zuständigkeit der Länder liegen folgende Aufgaben:
a) Festlegung der konkreten Vorgaben nach Maßgabe des NRKP (z. B. Verteilung der Probenzahlen auf die einzelnen Regionen)
b) Probenahme
c) Analyse der Proben
d) Erfassung der Daten
e) Übermittlung der Daten an das BVL.

2.1.4   Untersuchung

2.1.4.1   Einleitung

Die Untersuchung im Rahmen des NRKP umfasst alle der Lebensmittelgewinnung dienenden lebenden und geschlachteten Tierarten sowie Primärerzeugnisse vom Tier wie Milch, Eier und Honig. Von 1989 bis 1994 enthielt der NRKP Vorgaben für die Überwachung von Rindern, Schweinen, Schafen und Pferden. Seit 1995 werden zusätzlich auch Geflügel, seit 1998 Fische aus Aquakulturen und seit 1999 auch Kaninchen, Wild, Eier, Milch und

Tab. 2.1   (NRKP) Stoffgruppen bei Schlachttieren und Primärerzeugnissen gemäß Anhang II der Richtlinie 96/23/EG und zusätzlich zur Richtlinie in 2012 zu untersuchende Stoffgruppen (#)

Stoffgruppe	Tierart, tierische Erzeugnisse						
	Rinder, Schafe, Ziegen, Pferde, Schweine	Geflügel	Tiere der Aquakultur	Milch	Eier	Kaninchen-/Zuchtwildfleisch, Wild	Honig
Stilbene, Stilbenderivate, ihre Salze und Ester	X	X	X			X	
Thyreostatika	X	X				X	
Steroide	X	X	X			X	
Resorcylsäure-Lactone	X	X				X	
Beta-Agonisten	X	X				X	
Stoffe aus Tabelle 2 des Anhangs der Verordnung (EU) Nr. 37/2010	X	X	X	X	X	X	#
Antibiotika einschl. Sulfonamide u. Chinolone	X	X	X	X	X	X	X
Anthelminthika	X	X	X	X		X	
Kokzidiostatika einschl. Nitroimidazole	X	X		#	X	X	
Carbamate und Pyrethroide	X	X				X	X
Beruhigungsmittel	X						
nichtsteroidale entzündungshemmende Mittel	X	X		X		X	
sonstige Stoffe mit pharmakologischer Wirkung	#	#	#		#		#
organische Chlorverbindungen einschl. PCB	X	X	X	X	X	X	X
organische Phosphorverbindungen	X	#		X	#		X
chemische Elemente	X	X	X	X		X	X
Mykotoxine	X	X	X	X			
Farbstoffe		X					
Sonstige			#				#

Honig nach den EU-weit geltenden Vorschriften kontrolliert.

Der NRKP gibt jährlich ein bestimmtes Spektrum an Stoffen vor, auf das die entnommenen Proben mindestens zu untersuchen sind (Pflichtstoffe). Darüber hinaus können bei einer definierten Anzahl von Tieren und Erzeugnissen die Stoffe nach aktuellen Erfordernissen und entsprechend den speziellen Gegebenheiten in den Ländern frei ausgewählt werden (Tab. 2.1).

Die Untersuchung im Rahmen des EÜP deckt ebenfalls das gesamte Spektrum tierischer Primärprodukte bzw. Erzeugnisse ab, die über Deutschland in die Gemeinschaft eingeführt werden. Das Stoffspektrum und die Untersuchungszahlen der Länder werden entsprechend dem Risikoansatz der Verordnung (EG) Nr. 882/2004 festgelegt. Folgende Kriterien sollten bei der Risikobewertung berücksichtigt werden:

- Allgemeine Informationen und Besonderheiten über die Drittländer, die Produkte (Produktspezifika), die Betriebe und die Importeure

- Informationen aus dem Europäischen Schnellwarnsystem
- Informationen der EU-Kommission einschließlich des EU-Lebensmittel- und Veterinäramtes (FVO)
- Informationen des Bundes
- Informationen der Länder untereinander, insbesondere über aktuelle Ereignisse
- Ergebnisse der bundesweiten Überwachungsprogramme und sonstiger Kontrollen
- Schutzmaßnahmen gegenüber Drittländern.

Die Probenahme erfolgt demnach risikoorientiert auf der Grundlage der genannten Informationen. Folglich können aus den Daten keine allgemeingültigen Schlussfolgerungen über die tatsächliche Belastung der tierischen Erzeugnisse mit unerwünschten Stoffen gezogen werden. Außerdem werden bei der Festlegung und Untersuchung der Stoffe auch die Vorgaben des Nationalen Rückstandskontrollplanes berücksichtigt. Im Einzelnen wurden die Proben im Jahr 2012 auf Stoffe aus den hier genannten Stoffgruppen getestet.

2.1.4.2 Stoffgruppen nach Anhang I der Richtlinie 96/23/EG

Gruppe A – Stoffe mit anaboler Wirkung und nicht zugelassene Stoffe

Bei den Stoffen der Gruppe A handelt es sich zum größten Teil um hormonell wirksame Stoffe. Diese können physiologisch im Körper gebildet oder synthetisch hergestellt werden. Die Anwendung dieser Stoffe ist bei lebensmittelliefernden Tieren weitestgehend verboten.

A 1 Stilbene, Stilbenderivate, ihre Salze und Ester
Bei diesen Substanzen handelt es sich um synthetische nichtsteroidale Stoffe mit estrogener Wirkung. Sie fördern die Proteinsynthese und damit den Muskelaufbau, was sie für den Einsatz als Masthilfsmittel interessant macht. Verboten wurden sie, weil sie im Verdacht stehen, Tumoren auszulösen, und Diethylstilbestrol (DES) zusätzlich genotoxische Eigenschaften aufweist. In der EU ist die Anwendung von Stilbenen, Stilbenderivaten sowie ihren Salzen und Estern in der Tierproduktion seit 1981 verboten.

A 2 Thyreostatika
Thyreostatika sind Stoffe, welche die Synthese von Schilddrüsenhormonen hemmen. Infolge von biochemischen Reaktionen kommt es dabei zu einer Herabsetzung des Grundumsatzes und damit bei gleicher oder geringer Nährstoffzufuhr zu einer Vermehrung der Körpermasse (Macholz und Lewerenz, 1989). Dieser Körpermassezuwachs resultiert hauptsächlich aus einer erhöhten Wassereinlagerung in der Muskulatur. Thyreostatika können beim Menschen z. B. Knochenmarksschäden (Leukopenie, Thrombopenie) hervorrufen; sie wirken karzinogen und stehen in Verdacht, auch teratogen zu wirken. In der EU ist die Anwendung von Thyreostatika in der Tierproduktion seit 1981 verboten.

A 3 Steroide
Zur Stoffklasse der Steroide gehört eine Vielzahl von Verbindungen, die auf dem Grundgerüst des Sterans aufgebaut sind und daher zwar ähnliche chemische Eigenschaften aufweisen, jedoch biologisch unterschiedlich wirken. Das chemische Grundgerüst der Steroide besteht aus kondensierten, gesättigten Kohlenwasserstoffringen mit mindestens 17 Kohlenstoffatomen, wobei einzelne Kohlenstoffatome an der Bildung mehrerer Ringe beteiligt sind. Steroidhormone leiten sich vom Cholesterol ab. Durch verschiedene Umbauprozesse entstehen zunächst die Gestagene, aus diesen dann die Androgene und Estrogene.

Einige Stoffe dieser Gruppe wurden in der Vergangenheit als Masthilfsmittel missbraucht. Infolgedessen dürfen in der EU keine estrogen, gestagen oder androgen wirksamen Stoffe mehr an Masttiere verabreicht werden. Ihr Einsatz beschränkt sich im Wesentlichen auf die Therapie von Fruchtbarkeitsstörungen, die Brunstsynchronisation bzw. Induzierung der Laichreife, die Verbesserung der Fruchtbarkeit und die Trächtigkeitsabbrüche bei nicht zu Mastzwecken gehaltenen Tieren. Im Rahmen der Rückstandsuntersuchung sind vier Stoffuntergruppen bei den Steroidhormonen bedeutsam:

Synthetische Androgene (z. B. Trenbolon, Nortestosteron, Stanozolol, Boldenon)
Androgene sind zumeist C-19-Steroide. Sie sind verantwortlich für die Ausbildung der primären und sekundären männlichen Geschlechtsmerkmale. Weiterhin bewirken sie die Steigerung der Eiweißbildung (anaboler Effekt) und die Abnahme des Lipid- und Wassergehaltes. Synthetische Androgene werden zur Steigerung der Mastleistung (schnellere Gewichtszunahme, bessere Futterverwertung) verwendet. Bedeutsame Vertreter der Gruppe der synthetischen Androgene sind 19-Nortestosteron und Trenbolon. Nortestosteron ist ein vermehrt anabol wirkender Stoff mit verminderter androgener Wirkung. Trenbolon ist ein hoch wirksames Steroid (acht- bis zehnmal stärkere Wirksamkeit als Testosteron), das nicht selten auch als Dopingmittel im Human- oder Pferdesport illegal eingesetzt wurde. Nortestosteron und sein Epimer 17-alpha-19-Nortestosteron können in Abhängigkeit vom physiologischen Zustand des Tieres, dem Alter und dem Geschlecht auch natürlicherweise bei verschiedenen Tierspezies vorkommen.

Boldenon ist ebenfalls ein potenzielles illegales Masthilfsmittel, kann aber ebenso natürlicherweise bei nicht behandelten Rindern als 17-alpha-Boldenon vorkommen. Der Nachweis von 17-beta-Boldenon bei Mastkälbern wird immer als Beweis für eine illegale Behandlung angesehen. Wird 17-alpha-Boldenon bei Kälbern im Urin in einer Menge von über 2 µg/kg nachgewiesen, erfordert dies zusätzliche Untersuchungen, um eine vorschriftswidrige Anwendung von Boldenon auszuschließen.

Eine übermäßige Zufuhr von Androgenen kann beim Menschen Fruchtbarkeitsstörungen und Lebererkrankungen induzieren, das Wachstum von Jugendlichen infolge einer beschleunigten Knochenreifung hemmen sowie eine Vermännlichung bei Frauen (zunehmende Behaarung, Vertiefung der Stimme, männliche Körperproportionen) hervorrufen.

Synthetische Estrogene (Follikelhormone, z. B. Ethinylestradiol)
Diese Steroidhormone fördern das Zellwachstum (Proliferation) der weiblichen Geschlechtsorgane (Gebärmutter, Gebärmutterschleimhaut, Scheide, Eileiter und Brustdrüsen). Weiterhin fördern sie die Durchblutung und die Zelldurchlässigkeit sowie das Wachstum und die Proteinsynthese. Aufgrund der anabolen (Muskel aufbauenden) Wirkung wurden synthetische Estrogene in der Tiermast eingesetzt. Durch die proliferative Wirkung besteht die Gefahr eines Karzinoms der Gebärmutterschleimhaut.

Natürliche Steroide (Estradiol, Testosteron)
Estradiol ist ein natürliches Estrogen, Testosteron das wichtigste natürliche Androgen. Sie zeigen die bereits oben beschriebenen Wirkungen. Estradiol darf bei lebensmittelliefernden Tieren nur zur Behandlung von Fruchtbarkeitsstörungen und für zootechnische Zwecke, beispielsweise zur Brunstsynchronisation angewandt werden.

Gestagene
Gestagene sind Schwangerschaft erhaltende Hormone. Progesteron als physiologisches Gestagen bewirkt u. a. die Vorbereitung der Gebärmutterschleimhaut für die Einlagerung der Eizelle, fördert das Wachstum der Gebärmuttermuskulatur und stellt diese ruhig. Synthetische Gestagene werden in der Landwirtschaft häufig zur Brunstsynchronisation (Zyklusblockade) eingesetzt. Durch Gestagene kommt es infolge eines vermehrten Appetits und einer verminderten Aktivität zu Gewichtszunahmen. Unerwünschte Wirkungen können z. B. in Form von Lebererkrankungen, krankhaften Veränderungen der Gebärmutterschleimhaut oder Venenerkrankungen auftreten.

A 4 Resorcylsäure-Lactone
Resorcylsäure-Lactone sind Stoffe, die als Nicht-Estrogene an die Estrogen-Rezeptoren anbinden, beispielsweise Zeranol (Alpha-Zearalanol). Zeranol ist eine xenobiotische (durch Pflanzen synthestisierte) Substanz mit estrogenen und anabolen Eigenschaften, aufgrund derer es in der Tiermast zur Wachstumsförderung eingesetzt wurde. Die Anwendung ist in der Europäischen Union seit 1988 verboten. Die Hauptmetaboliten von Zeranol in Säugetieren sind Taleranol und Zearalanon. Zeranol kann jedoch auch durch eine Mykotoxinkontamination des Futters in den Tierkörper gelangen. Zeranol wird entweder direkt durch die Schimmelpilzgattung *Fusarium* gebildet oder entsteht durch die Umwandlung der Mykotoxine Zearalenon, sowie Alpha- und Beta-Zearalenol. Die Unterscheidung zwischen natürlich auftretendem Zeranol und Rückständen aus einer illegalen Verwendung eines Masthilfsmittels ist dadurch schwierig. Aufschluss kann

hier eine differenzierte Bestimmung von Zeranol und seinen Metaboliten (Taleranol, Zearalanon) sowie der strukturverwandten Mykotoxine Alpha- und Beta-Zearalenol sowie Zearalenon geben. Die einzuleitenden Folgemaßnahmen richten sich dann nach der ermittelten Ursache für die Belastung.

A5 Beta-Agonisten (Sympathomimetika)
Beta-Agonisten sind Wirkstoffe, die an den Beta-Rezeptoren der Katecholamine Adrenalin und Noradrenalin angreifen. Zudem wirken sie fettspaltend und hemmen den Eiweißabbau. Clenbuterol ist der bekannteste Vertreter der Beta-Agonisten. Es wurde ursprünglich als Asthmatikum entwickelt, in der Veterinärmedizin wird es als wehenhemmendes Mittel eingesetzt. Aufgrund der fettverbrennenden und muskelaufbauenden Wirkung wurde es missbräuchlich für Mastzwecke in der Landwirtschaft verwendet. Clenbuterol kann beim Menschen zu Herzrasen (Tachykardie), Muskelzittern sowie Kopf- und Muskelschmerzen führen. Bei lebensmittelliefernden Tieren ist der Einsatz von Clenbuterol bis auf wenige Ausnahmen und der aller anderen Stoffe aus dieser Gruppe grundsätzlich verboten.

A 6 Stoffe aus Tabelle 2 des Anhangs der Verordnung (EU) Nr. 37/2010
Tabelle 2 des Anhangs der Verordnung (EU) Nr. 37/2010 enthält die pharmakologisch wirksamen Stoffe, für die keine Rückstandshöchstmengen in tierischen Lebensmitteln festgesetzt werden können, da Rückstände dieser Stoffe in jedweder Konzentration eine Gefahr für die Gesundheit des Verbrauchers darstellen können. Die Anwendung dieser Stoffe ist bei Tieren, die der Gewinnung von Lebensmitteln dienen, verboten.

Amphenicole
Wichtigster Vertreter der Amphenicole ist Chloramphenicol, ein Breitbandantibiotikum. Chloramphenicol wurde in der EU im Jahr 1994 für die Anwendung bei lebensmittelliefernden Tieren verboten. Das Verbot basiert auf der Beurteilung des Europäischen Ausschusses für Tierarzneimittel (Commitee for Veterinary Medicinal Products – CVMP), wonach festgestellt wurde, dass für Chloramphenicol kein ADI (ADI = Acceptable Daily Intake; akzeptable tägliche Aufnahme) ableitbar ist, da kein Schwellenwert für die Auslösung der aplastischen Anämie beim Menschen bekannt ist. Zum Zeitpunkt der Beurteilung lagen zudem positive Genotoxizitätstests vor und weitere Toxizitätsstudien waren unvollständig. Chloramphenicol-Rückstände müssen daher unabhängig von ihrem Gehalt als eine Gefahr für die Gesundheit des Verbrauchers angesehen werden. Über den tatsächlichen Umfang des Verbraucherrisikos ist damit jedoch

nichts ausgesagt (BgVV, 2002a). Bei der Anwendung von Chloramphenicol können, wenn auch in sehr seltenen Fällen, neben der aplastischen Anämie auch Schädigungen des Knochenmarks oder starke örtliche Irritationen der Injektionsstelle auftreten. Daher wird Chloramphenicol in der Humanmedizin nur noch als Reserveantibiotikum verwendet. Hauptbehandlungsgebiete sind schwere, sonst nicht zu beherrschende Infektionskrankheiten wie beispielsweise Typhus, Ruhr und Malaria.

Nitrofurane

Nitrofurane sind breitwirkende Chemotherapeutika, die gegen viele Bakterien, zum Teil auch gegen Kokzidien, Hefearten und Trichomonaden wirken. Sie werden durch Abspaltung ihrer Nitrogruppe in den Bakterien zu reaktiven Produkten, die Chromosomenbrüche in den Bakterien auslösen. Sie schädigen auch den Stoffwechselzyklus der Erreger. Die bei der Umwandlung im Säugetierorganismus entstehenden reaktiven Metaboliten sowie die Veränderungen im Stoffwechsel wirken mutagen und karzinogen (BgVV, 2002b), weshalb Nitrofurane in der EU bei lebensmittelliefernden Tieren nicht mehr angewandt werden dürfen. In der Veterinärmedizin finden vor allem Furazolidon, Furaltadon, Nitrofurantoin und Nitrofurazon Verwendung. Im Tierkörper sind häufig nur noch deren Metaboliten 3-Amino-2-oxazolidinon (AOZ), 5-Methylmorpholino-3-amino-2-oxazolidinon (AMOZ), 1-Aminohydantoin (AHD) und Semicarbazid (SEM) nachzuweisen (BgVV, 2002c). Daher wird im Rahmen des NRKP bevorzugt auf diese Stoffe hin untersucht.

Nitroimidazole

Nitroimidazole sind Antibiotika, die bakterizid gegen fast alle anaeroben Bakterien und viele Protozoen wirken. Sie besitzen wie die Nitrofurane eine Nitrogruppe im Molekül. Diese wird von den Bakterien abgespalten, wodurch reaktive Produkte entstehen, die die Bakterien schädigen. Vergleichbar den Nitrofuranen entstehen reaktive Stoffwechselprodukte im Säugetierorganismus, wodurch Nitroimidazole im Verdacht stehen, mutagene bzw. kanzerogene Wirkungen zu besitzen.

Der wichtigste Vertreter der Gruppe ist Metronidazol. Neben den erwähnten Eigenschaften, führten fehlende Daten über Abbauvorgänge im Organismus (EMEA, 1997) seit 1998 zu einem Anwendungsverbot des Stoffes bei lebensmittelliefernden Tieren. Vor dem mit der Verordnung (EG) Nr. 613/98 erlassenen Anwendungsverbot war Metronidazol ein probates Mittel zur Behandlung der Dysenterie, einer bakteriellen Darmkrankheit bei Schweinen. Das Auftreten von Dysenterie bei Schweinen kann daher ein Beweggrund sein, diesen Stoff trotz des Verbotes einzusetzen. Ein solcher Einsatz kann zu Rückständen

in Lebensmitteln führen. Metronidazol wird nach der Anwendung im Organismus teilweise enzymatisch zu Hydroxymetronidazol umgewandelt. Die Analytik im Rahmen des NRKP beschäftigt sich daher mit dem Nachweis sowohl der Ausgangssubstanz als auch des Hydroxymetronidazols.

Weitere Vertreter dieser Gruppe, deren Anwendung bei lebensmittelliefernden Tieren ebenfalls verboten ist, sind Dimetridazol und Ronidazol.

Beruhigungsmittel

Beruhigungsmittel (Sedativa) sind zentralwirksame Arzneimittel, die sensorische, vegetative und motorische Nervenzentren dämpfen. Als Vertreter dieser Gruppe sind Chlorpromazin und Chloroform nicht für die Anwendung bei lebensmittelliefernden Tieren zugelassen. Chlorpromazin wirkt als Neuroleptikum, Antihistaminikum und Antiemetikum. Es liegen nur ungenügende Toxizitäts- und Rückstandsdepletionsdaten vor, zudem kann es bei Sonnenexposition eine Photosensibilisierung an unpigmentierten Hautstellen bewirken (Löscher et al., 2010) sowie photoallergische Kontaktdermatitiden auslösen (BAuA, 2011).

Gruppe B – Tierarzneimittel und Kontaminanten

Der Einsatz von Tierarzneimitteln ist rechtlich zulässig, sofern Höchstmengen (MRL = Maximum Residue Limit) festgelegt wurden und die Tierarzneimittel zugelassen sind. MRLs sind in der Verordnung (EU) Nr. 37/2010 geregelt. Um ein Gesundheitsrisiko für den Verbraucher zu vermeiden, sind nach der Anwendung tierartspezifische Wartezeiten einzuhalten, bevor ein Tier geschlachtet werden darf oder tierische Erzeugnisse verwendet werden dürfen. Bei sachgerechter Anwendung ist davon auszugehen, dass nach Ablauf der Wartezeit keine Höchstmengenüberschreitungen mehr festgestellt werden.

B 1 Stoffe mit antibakterieller Wirkung, einschließlich Sulfonamide und Chinolone

Sulfonamide

Mit der Entdeckung der Wirksamkeit der Sulfonamide begann 1935 die Ära der antibakteriellen Chemotherapie. Inzwischen wurden mehr als 50.000 Sulfonamide hergestellt und untersucht, etwa 30 werden als Arzneimittel eingesetzt (z. B. Sulfadiazin, Sulfathiazol und Sulfadimidin). Sulfonamide sind Amide aromatischer Sulfonsäuren. Aufgrund struktureller Ähnlichkeit mit der mikrobiellen para-Aminobenzoesäure verdrängen sie diese aus dem Stoffwechsel und stören so die Folsäuresynthese empfindlicher Organismen. Da in Säugetierzellen keine Folsäure synthetisiert wird, sind Sulfonamide für Menschen und Tiere relativ gut verträglich. Sulfonamide sind gegen ein breites Spektrum von Bakterien und Protozoen wirksam. Allerdings haben inzwischen zahlreiche Erreger Resistenzen entwickelt. Durch Kombination mit Trimethoprim und anderen Diaminopyrimidinen kann die Wirksamkeit der Sulfonamide potenziert werden. Die Sulfonamide werden heute meist in dieser potenzierten Form verwendet. Sulfonamide gehören zu den häufig eingesetzten Tierarzneimitteln. Nach Behandlung der Tiere verteilen sie sich sehr gut im gesamten Organismus und gelangen dabei auch in Milch und Eier. Bei Einhaltung der gesetzlich vorgeschriebenen Wartezeiten ist eine Gefährdung des Verbrauchers ausgeschlossen. Neben diesem direkten Eintrag in die Nahrungskette kann es in Ausnahmefällen zu einer indirekten Belastung von Tieren kommen. Sulfonamide persistieren lange in der Umwelt und können daher unter ungünstigen Umständen auch nach Abschluss einer Behandlung von Tieren ungewollt aufgenommen werden.

Tetracycline

Tetracycline sind Antibiotika, die von Arten der Gattung *Streptomyces* produziert werden. Vertreter dieser Gruppe sind Oxytetracyclin, Chlortetracyclin und Tetracyclin. Tetracycline hemmen die bakterielle Proteinsynthese an den Ribosomen und damit das Bakterienwachstum. Gegenüber Tetracyclinen wurden bereits vielfach Resistenzen beobachtet. Doxycyclin gehört zur neueren Generation der Tetracycline, welche ein breiteres Wirkspektrum besitzt.

Chinolone

Chinolone erreichen ihre bakterizide Wirkung durch Hemmung des Enzyms DNA-Gyrase, welches die Bakterien benötigen, um bei der Zellteilung einen geschnittenen DNA-Strang wieder zusammenzufügen. Sie wirken gegen ein breites Erregerspektrum und sind die am häufigsten eingesetzte Gruppe der synthetischen Therapeutika. Vielfach werden Chinolone dann eingesetzt, wenn mikrobielle Resistenzen gegenüber anderen Mitteln vorliegen. Chinolone können bei einem noch nicht ausgewachsenen Skelett Knorpelschäden hervorrufen.

Zu den Chinolonen zählen beispielsweise Marbofloxacin, Difloxacin, Sarafloxacin, Danofloxacin, Enrofloxacin und dessen Stoffwechselprodukt Ciprofloxacin.

Makrolide

Makrolide erzielen ihre bakteriostatische Wirkung über die Hemmung des Enzyms Translokase, wodurch die Proteinsynthese gehemmt wird. Makrolide wirken vor allem gegen grampositive Erreger. Als erster Vertreter der Makrolid-Antibiotika wurde Erythromycin aus *Streptomyces erythreus* isoliert. Tylosin, Tilmicosin, Tulathromycin und Spiramycin zählen ebenfalls zu dieser Gruppe.

Da Makrolide nur ein spezifisches Enzym hemmen, bilden Erreger relativ schnell Resistenzen gegen diese Stoffe aus.

Aminoglycoside

Antibiotika aus der Gruppe der Aminoglycoside sind basische und stark polare Stoffe. Wie bereits der Name „Aminoglycoside" sagt, sind es zuckerartige Moleküle mit mehreren Aminogruppen. Wichtige Vertreter dieser Arzneimittelgruppe sind Streptomycin, eines der ersten therapeutisch verwendeten Antibiotika, Dihydrostreptomycin sowie Gentamicin, Neomycin, Kanamycin und Spectinomycin. Aminosidin und Apramycin zählen ebenfalls zu dieser Gruppe. Die Aminoglycosid-Antibiotika wirken bakteriostatisch über die Hemmung der Proteinsynthese an den Ribosomen der Erreger. Aminoglycoside werden in der Tiermedizin bei den lebensmittelliefernden Tieren Rind und Schwein u. a. bei Infektionen des Atmungstraktes, des Verdauungstraktes, der Harnwege, der Geschlechtsorgane und bei Septikämie (Blutvergiftung) eingesetzt. Angewendet werden sie meist als Injektionslösung, aber auch oral verwendbare Präparate sind verfügbar, die jedoch nur in geringem Maße resorbiert werden. Aminoglycoside wirken vor allem gegen gramnegative Bakterien, aber auch gegen einige grampositive Keime wie Staphylokokken. Ausgeschieden werden Aminoglycoside vor allem über die Niere. Dort sind sie nach einer Anwendung auch am längsten nachweisbar. Positive Befunde (Höchstmengenüberschreitungen) werden daher meist in der Niere festgestellt. Nur bei sehr hohen Aminoglycosidgehalten in der Niere sind auch noch im Muskelgewebe Mengen oberhalb der zulässigen Toleranzen zu erwarten. Angesichts nur weniger positiver Befunde, meist nur in der selten verzehrten Niere, ist das Risiko für den Verbraucher eher gering. Nicht eingehaltene Wartezeiten für Niere gelten als häufigste Ursache positiver Befunde. Gelegentlich wird auch vermutet, dass durch die Erkrankung des behandelten Tieres Antibiotika langsamer ausgeschieden werden und es damit zu erhöhten Rückständen kommt.

Beta-Laktam-Antibiotika

Hierbei handelt es sich um eine Antibiotikagruppe mit einem Beta-Laktam-Ring.

Beta-Laktam-Antibiotika wirken bakterizid, indem sie die Zellwandsynthese der Bakterien bei der Zellteilung hemmen. Zu den Beta-Laktam-Antibiotika zählen u. a. Penicilline und Cephalosporine.

Penicilline

Der bekannteste Vertreter dieser Gruppe ist (Benzyl-)Penicillin, eines der ältesten Antibiotika. (Benzyl-)Penicillin wurde bereits 1929 aus Kulturen des Schimmelpilzes *Pe-*

nicillium notatum extrahiert und ab 1941 klinisch erprobt. Heute werden Penicilline halbsynthetisch hergestellt. Mit Einfügen einer Aminogruppe am Benzylrest wurde das Wirkspektrum der Penicilline erweitert. Vertreter dieser neueren Aminopenicilline sind Ampicillin und Amoxicillin. Inzwischen existieren viele Allergien gegen Penicillin und verwandte Stoffe, die von leichten Hautreaktionen bis zum anaphylaktischen Schock reichen können.

Cephalosporine

Cephalosporine sind Breitbandantibiotika, die halbsynthetisch gewonnen werden. Zu dieser Gruppe gehören beispielsweise Cefalexin und Cefaperazon. Natürlicherweise kommen Cephalosporine im Schimmelpilz *Cephalosporium acremonium* vor. Cephalosporine wirken in unterschiedlichem Maß nierenschädigend.

Diamino-Pyrimidin-Derivate

Diamino-Pyrimidin-Derivate wirken durch Hemmung der bakteriellen Folsäuresynthese bakteriostatisch. In Kombination mit Sulfonamiden potenziert sich die Wirkung und die Kombinationspräparate wirken bakterizid. Ein bekannter Vertreter der Diamino-Pyrimidin-Derivate ist beispielsweise Trimethoprim.

Polymyxine

Polymyxine, wie beispielsweise Colistin und Polymyxin B, gehören zur Gruppe der Polypeptid-Antibiotika. Sie stören die Zellwandpermeabilität der Bakterien und wirken dadurch bakterizid. Nach parenteraler Applikation besitzen die Polymyxine ein hohes neuro- und nephrotoxisches Potential.

Lincosamide

Lincosamide gehören zu den Aminoglycosid-Antibiotika. Sie wirken vorwiegend bakteriostatisch und sind nur in hohen Konzentrationen gegenüber empfindlichen Erregern durch Hemmung der Proteinsynthese bakterizid. Ein Vertreter dieser Gruppe ist Lincomycin.

Pleuromutiline

Pleuromutiline sind halbsynthetische Antibiotika mit bakteriostatischer Wirkung durch Hemmung der Proteinsynthese. Zu dieser Gruppe zählt beispielsweise das nur in der Veterinärmedizin angewendete Tiamulin.

B 2 Sonstige Tierarzneimittel

B 2a) Anthelminthika

Anthelminthika sind Medikamente zur Bekämpfung von Wurminfektionen. Sie greifen in den Stoffwechsel von Würmern (Nematoden/Fadenwürmer, Zestoden/Bandwürmer, Trematoden/Saugwürmer) ein oder beeinflussen deren neuromuskuläre Übertragungsmechanismen, sodass die gelähmten Darmparasiten mit der Peristaltik ausgeschieden werden. Das Wirkspektrum (Entwicklungsstadien und adulte Formen der verschiedensten Helminthen) ist je nach verwendetem Mittel unterschiedlich. Bekannte Wirkstoffgruppen mit einem breiten Wirkspektrum bei gleichzeitiger guter Verträglichkeit für das Wirtstier sind Avermectine und Benzimidazole. Avermectine sind Fermentationsprodukte des in Japan als natürlicher Bodenorganismus vorkommenden Strahlenpilzes *Streptomyces avermitilis*. Ein großer Teil der Avermectine wie Ivermectin, Doramectin oder Eprinomectin werden teilsynthetisch hergestellt. Zu den Benzimidazolen zählen beispielsweise Albendazol, Thiabendazol, Mebendazol, Fenbendazol, Flubendazol und Triclabendazol.

B 2 b) Kokzidiostatika einschließlich Nitroimidazole

Kokzidien sind Einzeller (Protozoen), die vor allem das Darmepithel, aber auch Leber und Niere befallen, wodurch die Aufnahme von Nährstoffen und das Wachstum verhindert werden. Die Infektionen verlaufen oft tödlich und können sich rasch ausbreiten. In der Geflügelhaltung stellt die Kokzidiose eine der häufigsten Erkrankungen dar. Kokzidiostatika werden meist zur Prophylaxe bzw. Metaphylaxe über das Futter verabreicht. Sie hemmen die endogene Entwicklung von Kokzidien in den Zellen. Wichtige Vertreter sind beispielsweise Nicarbazin, Lasalocid, Monensin, Maduramicin, Toltrazuril und Diclazuril. Nicarbazin (Markerrückstand Dinitrocarbanilid/DNC) blockiert den Entwicklungszyklus der Parasiten durch Hemmung der Folsäuresynthese. Auch wird eine direkte Schädigung der Reproduktionsorgane beobachtet. Lasalocid, Monensin und Maduramicin stören den Ionenaustausch in den Zellen. Als Folge tritt Wasser ein, wodurch die Zellen zerstört werden. Der genaue Wirkmechanismus von Diclazuril ist nicht bekannt. Es beeinträchtigt die meisten Kokzidienspezies während der asexuellen Entwicklung, die Oozystenausscheidung wird reduziert und die Sporulationsfähigkeit ausgeschiedener Kokzidien vermindert.

Ionophore wie Monensin und Salinomycin wurden in der Vergangenheit als Wachstumsförderer bei Rindern und Schweinen angewendet. Diese Anwendung von Salinomycin ist seit 2006 in der EU verboten. Monensin darf nur innerhalb der zugelassenen Höchstmengen bei zur Lebensmittelgewinnung genutzten Tieren verwendet werden. Ebenso bestehen Höchstmengen für Lasalocid, Toltrazuril und Diclazuril. Nicarbazin, Maduramicin und Meticlorpindol dürfen bei lebensmittelliefernden Tieren nicht angewendet werden.

Nitroimidazole sind bakterizid wirkende Antibiotika, die gegen die meisten anaeroben Bakterien und viele Protozoen wirken (siehe auch unter Abschn. „A 6 Stoffe aus Tabelle 2 des Anhangs der Verordnung (EU) Nr. 37/2010").

Neben den in Tabelle 2 des Anhangs der Verordnung (EU) Nr. 37/2010 genannten Nitroimidazolen, deren Rückstände in jedweder Konzentration eine Gefahr für die Gesundheit des Verbrauchers darstellen können, gehören weitere Vertreter, wie z. B. Tinidazol und Ipronidazol, zu dieser Gruppe. Auch diese Stoffe dürfen nicht bei Tieren die der Lebensmittelgewinnung dienen angewendet werden, da keine Rückstandshöchstmengen in der Verordnung (EU) Nr. 37/2010 festgelegt worden sind.

B 2 c) Carbamate und Pyrethroide

Carbamate sind Ester der Carbaminsäure. Sie haben zum einen eine indirekte parasympathomimetische, zum anderen eine insektizide und akarizide Wirkung. Dementsprechend werden Carbamate als Therapeutika, z. B. bei Darm- und Blasenatonie, oder sehr häufig auch als Schädlingsbekämpfungsmittel gegen Ektoparasiten eingesetzt. Vertreter dieser Gruppe sind beispielsweise Carbendazim, Methomyl und Propoxur.

Pyrethroide sind Insektizide, die ursprünglich dem Gift der Chrysantheme, dem Pyrethrum, sehr ähnlich waren. Ihre chemische Struktur wurde im Laufe der Jahre erheblich verändert. Pyrethroide sind schnell wirksame Kontaktgifte gegen Insekten und besitzen ebenfalls eine akarizide Wirkung. Das zu dieser Gruppe gehörende Permethrin ist das meistverwendete Insektizid überhaupt, weitere Vertreter sind Fenvalerat, Deltamethrin, Bifenthrin und Lambda-Cyhalothrin.

B 2 d) Beruhigungsmittel

Beruhigungsmittel (Sedativa) sind zentralwirksame Arzneimittel, die sensorische, vegetative und motorische Nervenzentren dämpfen. Sie werden beispielsweise in der Anästhesiologie zur Beruhigung eingesetzt oder auch bei Angstzuständen, wie sie bei Versagen von lebenswichtigen Funktionen, z. B. der Atmung, auftreten. Jedoch ist auch eine Verabreichung zur Ruhigstellung während des Transports zur Schlachtung beobachtet worden. Dieses behindert eine ordnungsgemäße Lebendtierbeschau vor der Schlachtung und bedingt eventuell unzulässige Arzneimittelrückstände. Vertreter dieser Gruppe sind beispielsweise Azaperon, Acepromazin, Diazepam und Xylazin.

B 2 e) Nicht steroidale entzündungshemmende Mittel

Die Wirkung dieser entzündungshemmenden (antiinflammatorischen) Mittel beruht auf der Hemmung des Enzyms Cyclooxygenase. Dadurch ist die Bildung von Prostaglandinen gestört, die als Entzündungsmediatoren fungieren. Daneben wirken die Mittel schmerzstillend. Anwendungsgebiete dieser Wirkstoffgruppe sind vor allem akute entzündliche Erkrankungen des Bewegungsapparates und Gewebsverletzungen, auch als Folge von Operationen. Vertreter dieser Gruppe sind beispielsweise Phenylbutazon, Vedaprofen, Diclofenac, Flunixin und Metamizol.

B 2 f) Sonstige Stoffe mit pharmakologischer Wirkung

Dieser Gruppe sind die synthetischen Kortikosteroide zugeordnet. Ein bekannter Vertreter ist das Dexamethason. Dexamethason ist ein synthetisches Glukokortikoid, welches sich von dem natürlich vorkommenden Hydrokortison ableitet. Natürliche Glukokortikoide sind Hormone der Nebennierenrinde. Sie regulieren den Kohlenhydrat-, Fett- und Eiweißstoffwechsel sowie den Wasser- und Elektrolythaushalt. Weiterhin wirken sie auf das Herz-Kreislauf- und das zentrale Nervensystem und besitzen eine entzündungshemmende Wirkung. Die Verabreichung von Dexamethason an lebensmittelliefernde Tiere ist zu therapeutischen Zwecken erlaubt, z. B. zur Behandlung von entzündlichen und den Stoffwechsel betreffenden Krankheiten. Aufgrund seiner wachstumsfördernden Wirkung kann Dexamethason illegal in der Tiermast eingesetzt werden, z. B. bei Mastkälbern durch Zugabe in den Milchersatz oder Injektion. Dexamethason bewirkt eine Erhöhung des Wasseranteils im Fleisch und ein damit verbundenes höheres Gewicht. Weiterhin wirkt es appetitfördernd. Dexamethason wurde außerdem illegal in Kombination mit Beta-Agonisten (z. B. Clenbuterol) eingesetzt, da es deren wachstumsfördernde Wirkung in synergistischer Weise unterstützt.

Als weitere synthetische Glukokortikoide dieser Gruppe sind Prednisolon, Methylprednisolon und Betamethason zu nennen.

Ebenfalls dieser Gruppe zugeordnet sind Betablocker. Betablocker, wie der häufig in der Humanmedizin eingesetzte Wirkstoff Metoprolol, besetzen die Rezeptoren der Katecholamine Adrenalin und Noradrenalin an verschiedenen Organen und hemmen damit die Wirkung dieser „Stresshormone". Betablocker werden meist bei Erkrankungen des Herz-Kreislauf-Systems, beispielsweise zur Behandlung von arteriellem Bluthochdruck, bei koronarer Herzkrankheit oder bei Herzinsuffizienz angewendet.

Für Metoprolol ist keine Rückstandshöchstmenge in der Verordnung (EU) Nr. 37/2010 festgelegt worden, weshalb es nicht bei Tieren angewendet werden darf. Zu den sonstigen Stoffen mit pharmakologischer Wirkung zählen zudem Amitraz und Nikotin.

Amitraz ist ein Antiparasitikum, welches gegen Ektoparasiten, wie Milben und Zecken wirkt. Der Stoff besitzt zudem insektizide Wirkung und könnte daher als Pflanzenschutzmittel eingesetzt werden, wofür derzeit jedoch keine Zulassung besteht. Für die Anwendung als Ektoparasitikum sind für einige der zur Lebensmittelerzeugung genutzten Tierarten Rückstandshöchstmengen festgelegt.

Nikotin ist das Hauptalkaloid der Tabakpflanze, das aber auch in geringen Gehalten in Nachtschattengewächsen, wie z. B. Kartoffeln, Tomaten und Auberginen, oder in anderen Pflanzen, wie z. B. Blumenkohl, vorkommt. Nikotin kann ebenso synthetisch hergestellt werden.

Nikotin ist ein starkes Gift. Es hemmt die nervale Erregungsübertragung und kann durch Lähmung der Lunge zum Ersticken führen. Geringere Dosen bewirken Blutgefäßverengungen und daraus resultierenden Bluthochdruck, die Gefahr von Thrombosen und Schlaganfällen steigt. Nikotin wird nach oraler, inhalativer oder perkutaner Aufnahme in den Körper in allen Geweben verteilt. Einer der wichtigsten Metaboliten dieses intensiven Stoffwechsels ist Cotinin.

Das synthetisch hergestellte Rohnikotin wurde als Schädlingsbekämpfungsmittel in Landwirtschaft und Gartenbau sowie als Desinfektionsmittel eingesetzt. Seit dem Inkrafttreten der Verordnung (EG) Nr. 2032/2003 sind nikotinhaltige Schädlingsbekämpfungs- und Desinfektionsmittel nicht mehr verkehrsfähig. Andere zulässige Anwendungsgebiete bei lebensmittelliefernden Tieren gibt es ebenfalls nicht. Rückstände auf Tieren, die der Lebensmittelgewinnung dienen, sowie in Lebensmitteln tierischer Herkunft dürfen daher nicht auftreten.

B 3 Andere Stoffe und Kontaminanten
B 3 a) Organische Chlorverbindungen einschließlich polychlorierte Biphenyle (PCB)
In dieser Gruppe sind u. a. Stoffe wie Dioxine oder chlorierte Kohlenwasserstoffe wie beispielsweise PCB, DDT, DDE, HCH, Lindan und HCB zusammengefasst[2].

Als Dioxine bezeichnet man im allgemeinen Sprachgebrauch eine Gruppe von chlorierten organischen Verbindungen, deren Grundstruktur aus Benzolringen mit zwei oder mehr Sauerstoffatomen besteht. Dioxine entstehen als unerwünschte Nebenprodukte in Verbrennungsprozessen, bei denen Spuren von Chlor und Brom vorhanden sind, weiterhin bei verschiedenen industriellen Prozessen, wie z. B. der Chlorbleichung in der Papierindustrie, bei der Herstellung bestimmter chlorierter Kohlenwasserstoffe (PCP, PCB) oder bei der Produktion von Pflanzenschutzmitteln. Traurige Berühmtheit erlangte das 2,3,6,7-Tetrachlor-benzodioxin im Jahr 1976

als Seveso-Gift. Dioxine wirken immuntoxisch, teratogen und kanzerogen. Sie rufen Leber- und Hautschädigungen (Chlorakne, Hyperkeratose) hervor. Dioxine persistieren lange in der Umwelt. Sie reichern sich besonders in Böden, aber auch in Gewässern und Pflanzen an und gelangen so in die Nahrungskette von Mensch und Tier. Aufgrund ihrer Fettlöslichkeit lagern sich Dioxine vor allem im Fettgewebe ab.

Polychlorierte Biphenyle (PCB) fanden weltweit eine breite Anwendung, z. B. in Transformatoren und Kondensatoren, in Hydraulikflüssigkeiten, als Weichmacher in Lacken und Kunststoffen sowie zum Imprägnieren von Verpackungsmaterial. Seit 1989 besteht ein vollständiges Verkehrs- und Anwendungsverbot. PCB wirken immunsuppressiv und fetotoxisch und schädigen die Leber und das periphere Nervensystem.

Die Insektizide Endrin, DDT, Lindan und andere Isomere wie Beta-Hexachlorcyclohexan (β-HCH) weisen ebenfalls eine lange Persistenz in der Umwelt auf und können sich über den beschriebenen Eintragsweg im tierischen Gewebe anreichern.

Endrin wirkt als starkes Nervengift, die anderen Stoffe stehen im Verdacht, kanzerogen auf den Menschen zu wirken. DDT, das über Jahrzehnte weltweit meistverwendete Insektizid, hat vermutlich auch genotoxische Eigenschaften. Seit dem Jahr 2004 ist die Herstellung und Verwendung von Endrin weltweit verboten. DDT darf unter eingeschränkten Bedingungen noch zur Bekämpfung von krankheitsübertragenden Insekten, insbesondere der Malariaüberträger, verwendet werden. Die Verwendung von Lindan ist ebenfalls strikt reglementiert.

DDE und DDD fallen als Nebenprodukte bei der DDT-Herstellung an, DDE ist aber auch das Hauptumwandlungsprodukt von DDT. Es ist weniger toxisch als DDT, jedoch wurden im Tierversuch auch mutagene und kanzerogene Effekte nachgewiesen.

Hexachlorbenzol (HCB[3]) gehört zu den halogenierten aromatischen Kohlenwasserstoffen und wurde früher als Pflanzenschutzmittel vor allem gegen Pilzerkrankungen bei Getreide eingesetzt. Aufgrund verschiedener schwerwiegender Erkrankungen, die durch die Aufnahme des Stoffes über belastete Nahrungsmittel ausgelöst wurden, ist HCB inzwischen weltweit verboten.

B 3 b) Organische Phosphorverbindungen
Organische Phosphorverbindungen sind Ester der Phosphorsäure, Phosphonsäure oder Dithiophosphorsäure. Organische Phosphorsäureester sind vorwiegend als Pflanzenschutz- und Schädlingsbekämpfungsmittel (Pestizide) in der Anwendung. Expositionen treten hauptsächlich bei den Pestizidherstellern und bei den

---

[2] DDD = Dichlordiphenyldichlorethan, DDE = Dichlordiphenyldichlorethen, DDT = Dichlordiphenyltrichlorethan, HCH = Hexachlorcyclohexan, Lindan = γ-Hexachlorcyclohexan, PCP = Pentachlorphenol

[3] HCB = Hexachlorbenzol

Anwendern der Pestizide in der Landwirtschaft, Forstwirtschaft, Schädlingsbekämpfung sowie im Gartenbau auf. Organophosphate werden auch als chemische Kampfstoffe (Soman, Sarin, Tabun, VX) eingesetzt. Die Symptome sind vielfältig. Dosis- und stoffabhängig können beispielsweise Übelkeit, Erbrechen, Diarrhöe, Kopfschmerzen und Schwindelgefühl, Muskelkrämpfe, Lähmungen, Herzrhythmusstörungen sowie Atem- und Kreislaufdepression auftreten (DGAUM, 2007).

B 3 c) Chemische Elemente

Schwermetalle, wie Blei, Cadmium und Quecksilber, können aus der Umwelt in die Lebensmittel gelangen.

Cadmium (griech. *cadmeia* = Zinkerz) wurde 1817 von Stromeyer im Zinkoxid entdeckt. Als natürlicher Bestandteil der Erdkruste kommt Cadmium in geringen Konzentrationen in Böden vor. Metallisches Cadmium wird zur Herstellung von Korrosionsschutz für Eisen und andere Metalle verwendet. Cadmiumverbindungen werden als Stabilisierungsmittel für Kunststoffe und als Pigmente eingesetzt (UBA, 2011). Nach Anwendungsbeschränkungen für die genannten Verwendungszwecke wird Cadmium heute überwiegend in der Batterieherstellung verwendet. Die ubiquitäre Verteilung von Cadmium in der Umwelt ist eine Folge der Emission aus Industrieanlagen, insbesondere aus Zinkhütten, Eisen- und Stahlwerken, aber auch aus Müllverbrennungsanlagen und Braunkohlekraftwerken. Cadmium wird von Pflanzen über die Wurzeln aus dem Boden aufgenommen und gelangt über die Nahrungskette in den menschlichen und tierischen Organismus. Dort reichert es sich wegen der langen Halbwertszeit besonders stark in Rinder- und Schweinenieren sowie in der Muskulatur von großen Raubfischen (z. B. Butterfisch, Hai oder Schwertfisch) an. Je älter die Tiere sind, umso stärker ist deren potenzielle diesbezügliche Belastung. Bei andauernder Cadmiumbelastung kann es zu Nierenschäden und in besonderen Fällen zu Knochenveränderungen (Itai-Itai-Krankheit) kommen. Cadmium und seine Verbindungen sind als krebserzeugend klassifiziert.

Blei und seine Verbindungen gehören zu den starken Umweltgiften. Es wird u. a. zur Herstellung von Autobatterien und von Kabelhüllen gebraucht. Früher wurden Bleiverbindungen auch als Zusatz im Benzin benötigt (zur Erhöhung der Klopffestigkeit), wo es über die Abgase an die Luft abgegeben wurde (Umweltdatenbank/Umwelt-Lexikon). Blei akkumuliert in Klärschlämmen und Sedimenten, aber auch in Lebern, Nieren und Muskulatur von Tieren. Es kann bei sehr hohen Belastungen das Nervensystem und die Blutbildung beeinträchtigen.

Quecksilber ist ein bei Zimmertemperatur flüssiges Metall. Es findet u. a. Verwendung in Thermometern, Batterien, Schaltern, Leuchtstofflampen und in der Zahnmedizin zur Herstellung von Amalgam. Quecksilber gelangt vor allem durch Industrieemissionen in die Umwelt (z. B. durch Verbrennung von Kohle, Heizöl und Müll, Verhüttung sowie industriellen Verbrauch). Früher wurden organische Quecksilberverbindungen (Methyl-Quecksilber) aufgrund ihrer fungiziden Wirkung zum Beizen von Saatgut oder als Holzschutzmittel verwendet. Organische Quecksilberverbindungen entstehen aber auch in verunreinigten Gewässern durch bakterielle Umwandlung (Methylierung) aus anorganischen Quecksilberverbindungen. Methyl-Quecksilber ist fettlöslich und reichert sich im Organismus an. Besonders betroffen sind ältere Tiere oder Raubfische, die am Ende der Nahrungskette stehen. Chronische Quecksilbervergiftungen können zu Nierenschäden, Ataxien und Lähmungen bis hin zum Tode führen.

Kupfer als Spurenelement ist Bestandteil zahlreicher wichtiger Enzyme. Es ist notwendig für das blutbildende System sowie für die Bildung von Knochensubstanz und Bindegewebe. Kupfer ist daher als Futtermittelzusatzstoff in der Tierernährung zugelassen. Kupfer fungiert aber auch als Eisenkonkurrent und bewirkt die Erhaltung einer hellen Fleischfarbe, weshalb es in der Vergangenheit zur Kälbermast eingesetzt wurde und möglicherweise immer noch wird. Auch werden ihm leistungsfördernde Effekte zugeschrieben.

In der Landwirtschaft werden zudem kupferhaltige Fungizide und Pestizide eingesetzt. Für Rückstände aus einer Pestizidanwendung sind daher seit dem 01.09.2008 nach der Verordnung (EG) Nr. 396/2005 Höchstwerte für Kupfer in tierischen Geweben festgelegt.

Da Kupfer aber auch aus zulässigen Futtermittelsupplementierungen herrühren kann, galt zu prüfen, ob erhöhte Kupfergehalte zu beanstanden sind.

Das Bundesministerium für Ernährung und Landwirtschaft (BMEL) vertritt bezüglich der Überschreitungen des Rückstandshöchstwerts für Kupfer folgenden Standpunkt:

> *„Nach Artikel 3 Absatz 2 Buchstabe c der Verordnung (EG) Nr. 396/2005 umfassen Pestizidrückstände auch Rückstände von in Pflanzenschutzmitteln verwendeten Wirkstoffen, darunter auch insbesondere die Rückstände, die von der Verwendung im Pflanzenschutz, in der Veterinärmedizin oder als Biozidprodukt herrühren können.*
>
> *Daraus, dass die Verordnung (EG) Nr. 1334/2003 Höchstgehalte an Kupfer in Futtermitteln festlegt und die Rückstände von Kupfer in Rinderleber auch aus einer erlaubten Anwendung dieses Stoffes als Futtermittelzusatzstoff herrühren können, ergibt sich aus hiesiger Sicht nichts anderes. Dies wird deutlich, wenn man Artikel 9 Absatz 7 Satz 3 der Verordnung (EG) Nr. 1831/2003 in den Blick nimmt. Danach gilt, wenn für einen bestimmten Stoff eine Rückstandshöchstmenge in anderen Gemeinschaftsvorschriften festgelegt worden ist, diese Rückstandshöchstmenge auch für Rückstände, die sich aus der Verwendung des Stoffes als Futtermittelzusatz ergeben."* (BMELV, 2012)

Die Kommission hat diese Auffassung in einer ersten Reaktion bestätigt. Die zuständigen Behörden müssen bei einer Überschreitung des Rückstandshöchstwerts Verfolgsuntersuchungen anstellen, um die Ursache des erhöhten Kupfergehaltes zu ermitteln.

B 3 d) Mykotoxine

Mykotoxine (Schimmelpilzgifte) sind Stoffwechselprodukte verschiedener Pilze, die bei Menschen und Tieren bereits in geringsten Mengen zu Vergiftungen führen können. Die Belastung des Menschen geht hauptsächlich auf kontaminierte Lebensmittel zurück. Alle verschimmelten Nahrungsmittel können Mykotoxine enthalten. Die Kontamination kann primär bereits auf dem Feld (z. B. Mutterkorn auf Roggen, Weizen und Gerste) oder sekundär durch Schimmelbildung auf lagernden Lebensmitteln erfolgen (z. B. *Aspergillus* spp.). Nutztiere können ebenfalls verschimmelte Futtermittel aufnehmen. Die enthaltenen Mykotoxine können in verschiedenen Organen abgelagert oder ausgeschieden werden. Auf diese Weise können Lebensmittel tierischer Herkunft (Fleisch, Eier, Milch, Milchprodukte) Mykotoxine enthalten, ohne dass das Produkt selbst verschimmelt ist (VIS – Verbraucherinformationssystem Bayern, 2008). Mykotoxine sind weitgehend hitzestabil und werden daher auch bei Verarbeitungsschritten in der Regel nicht zerstört. Am häufigsten belastet mit Fusarientoxinen, also Deoxynivalenol (DON) und Zearalenon (ZON) sind Zerealien (hier insbesondere Mais und Weizen). Ochratoxin A (das häufigste und wichtigste der Ochratoxine) kommt vor allem in Getreide, Hülsenfrüchten, Kaffee, Bier, Traubensaft, Rosinen und Wein, Kakaoprodukten, Nüssen und Gewürzen vor. Die Wirkung der Mykotoxine kann, abhängig von der Toxinart, akut und chronisch toxisch sein. Eine akute Vergiftung beim Menschen und bei Tieren äußert sich z. B. durch Schädigung des zentralen Nervensystems, durch Schäden an Leber, Niere, Haut und Schleimhaut sowie durch die Beeinträchtigung des Immunsystems. Toxinmengen, die keine akuten Krankheitssymptome auslösen, können karzinogen und teratogen wirken sowie Erbschäden hervorrufen.

B 3 e) Farbstoffe

Malachitgrün (4,4′-Bis(dimethylamino)trityliumchlorid) ist ein blaugrüner Triphenylmethan-farbstoff, der erstmals 1877 hergestellt wurde. Weitere Bezeichnungen sind Basic Green, Diamantgrün und Viktoriagrün. Seit 1936 wird Malachitgrün in der Aquakultur weltweit als Tierarzneimittel zur Vorbeugung und Bekämpfung von Parasiten (Pilze, Bakterien und tierische Einzeller) eingesetzt. Malachitgrün wird vom Fisch rasch aus dem Wasser aufgenommen und überwiegend zum farblosen Leukomalachitgrün reduziert, das sich im Fischgewebe anreichert. Abhängig von Dosierung, Verdünnung durch das Wachstum der Fische und deren Fettgehalt ist Leukomalachitgrün im Fischgewebe bis zu einem Jahr und länger nachweisbar. Malachitgrün und Leukomalachitgrün stehen im Verdacht, eine erbgutverändernde und fruchtschädigende Wirkung zu haben sowie möglicherweise auch krebserregend zu sein. Malachitgrün ist daher in der EU als Tierarzneimittelwirkstoff für lebensmittelliefernde Tiere nicht zugelassen. Die Kommission hat eine Mindestleistungsgrenze (MRPL) für die Bestimmung von Malachitgrün und dem Stoffwechselabbauprodukt Leukomalachitgrün von 0,002 mg/kg eingeführt, unterhalb der zwar noch die Ursache der Belastung ermittelt werden soll, die Proben aber nicht mehr beanstandet werden. Der MRPL wird berücksichtigt, um eine Vergleichbarkeit mit den Ergebnissen der anderen Mitgliedstaaten zu gewährleisten. Aufgrund der geringen Kosten, der leichten Verfügbarkeit und hohen Wirksamkeit sowie des Fehlens geeigneter Ersatzstoffe wird Malachitgrün trotz des Verbots weiterhin angewendet. Neben den positiven Befunden bei Forellen und Karpfen im Rahmen des NRKP häufen sich in den letzten Jahren im EU-Schnellwarnsystem Meldungen aus andern Mitgliedstaaten und Drittländern über den Nachweis von Malachitgrün und Leukomalachitgrün, insbesondere bei Aal und Pangasius. Zur Gruppe der Triphenylmethanfarbstoffe zählen ebenfalls Kristallviolett und Brillantgrün. Sie sind gegen Pilze und Parasiten wirksam, aber ebenfalls in der EU nicht als Tierarzneimittelwirkstoffe für lebensmittelliefernde Tiere zugelassen.

B 3 f) Sonstige

N,N-Diethyl-m-toluamid (DEET) ist ein Insektizid mit einem breiten Wirkungsspektrum auf saugende und stechende Insekten. Es wurde ursprünglich für amerikanische Soldaten entwickelt. Der Wirkstoff ist in Insektenabwehrmitteln enthalten, die auf die Haut oder Kleidung aufgetragen werden. DEET kann bei Kindern Enzephalopathien verursachen und darf daher bei Kindern unter zwei Jahren sowie bei Schwangeren nicht angewendet werden.

Bis 2006 befand sich ein DEET-haltiges Bienenabwehrspray im Handel, welches durch einige Imker anstelle des Rauchs eingesetzt wurde. Auf diesem Weg gelangte DEET in den Honig, der dadurch nicht mehr verkehrsfähig war.

Weitere Parameter

Im Rahmen des EÜP werden Sendungen seit 2010 auch auf mikrobiologische Parameter, Histamin, Parasiten, Radioaktivität, Zusatzstoffe, gentechnisch veränderte Organismen (GVO), marine Biotoxine und andere warenspezifische Parameter untersucht.

2.1.4.3 Untersuchungshäufigkeit

Die oben genannten europäischen und nationalen Rechtsvorschriften legen für den NRKP einen prozentualen Anteil an Untersuchungen bezogen auf die Schlachtzahlen bzw. die Jahresproduktion des Vorjahres bzw. bei Wild eine Mindestprobenzahl fest. Pferd wird nach Erfordernis untersucht. Daraus ergibt sich folgende jährliche Untersuchungshäufigkeit:

- Rind: jedes 250ste geschlachtete Rind
- Schwein/Schaf: jedes 2.000ste geschlachtete Schwein und Schaf
- Pferd: nach Erfordernis
- Geflügel: eine Probe je 200 Tonnen Jahresproduktion
- Aquakulturen: eine Probe je 100 Tonnen Jahresproduktion
- Kaninchen und Honig: eine Probe je 30 Tonnen Schlachtgewicht bzw. Jahreserzeugung für die ersten 3.000 Tonnen, und darüber hinaus eine Probe je weitere 300 Tonnen
- Wild und Zuchtwild: jeweils mindestens 100 Proben
- Milch: eine Probe je 15.000 Tonnen Jahresproduktion
- Eier: eine Probe je 1.000 Tonnen Jahresproduktion.

Grundlage für die Festlegung der Probenkontingente in den einzelnen Ländern sind ebenfalls die Schlacht- und Produktionszahlen und die Größe der Tierbestände des gleichen Zeitraumes, der auch zur Berechnung der Probenzahlen für Deutschland verwendet wird. Zur Berechnung werden immer die letzten zwölf zur Verfügung stehenden Monaten herangezogen. Die weitere Verteilung der Proben legen die Länder in Eigenverantwortung fest.

Weiterhin sind nach den Vorgaben der Verordnung zur Regelung bestimmter Fragen der amtlichen Überwachung des Herstellens, Behandelns und Inverkehrbringens von Lebensmitteln tierischen Ursprungs (Tierische Lebensmittel-Überwachungsverordnung) bei mindestens 2 % aller gewerblich geschlachteten Kälber und mindestens 0,5 % aller sonstigen gewerblich geschlachteten Huftiere amtliche Proben zu entnehmen und auf Rückstände zu untersuchen. Die Probenzahlen, die sich aus der Umsetzung der Richtlinie 96/23/EG ergeben, werden angerechnet.

Bei der Festlegung der Untersuchungszahlen nach EÜP sollten mindestens 4 % aller Sendungen von Lebensmitteln tierischer Herkunft auf Rückstände aus den Stoffgruppen des Anhangs I der Richtlinie 96/23/EG untersucht werden. Es ist dann jedoch für eine Grenzkontrollstelle möglich, die Untersuchungsfrequenz im Bereich der Rückstandsuntersuchung auf 2 % zu reduzieren, sofern eine entsprechende Risikobewertung auf Grundlage eigener Laborergebnisse sowie anderer Informationsquellen, beispielsweise Laborergebnisse anderer Grenzkontrollstellen oder Meldungen aus dem Europäischen Schnellwarnsystem, es gestattet, eine geringere Untersuchungshäufigkeit für bestimmte Produkte anzusetzen.

2.1.4.4 Matrizes

Die Rückstandsuntersuchungen nach dem NRKP werden in den verschiedensten tierischen Geweben bzw. in den Primärerzeugnissen vorgenommen. Als Matrix kommen in Frage:

- Urin
- Kot
- Blut
- Galle
- Leber
- Niere
- Muskel (auch Injektionsstelle)
- Fett
- Haut mit Fett
- Augen
- Haare
- Federn
- Futtermittel
- Tränkwasser
- Milch
- Honig
- Eier

Für die zu untersuchenden Stoffe sind verschiedene Matrizes im Rückstandskontrollplan festgelegt. Es werden die Matrizes ausgewählt, in denen sich der fragliche Stoff am stärksten anreichert, in denen er lange nachweisbar und stabil ist. Bei den Matrizes, für die Höchstmengen festgelegt wurden, werden diese verwendet. Außerdem müssen die Matrizes entnehmbar sein. So kommen z. B. beim lebenden Tier nicht alle Matrizes in Frage.

Bei Einfuhruntersuchungen kann nicht immer auf Primärerzeugnisse zurückgegriffen werden, sodass hier von lebensmittelliefernden Tieren neben Fleisch auch Fleischzubereitungen und Fleischerzeugnisse geprüft werden. Außerdem werden Gelatine und Kollagen, Milch und Milcherzeugnisse, Tiere der Aquakultur (einschließlich Shrimps), Fischereierzeugnisse, lebende Muscheln, Eier und Eiprodukte, Honig sowie Därme untersucht.

2.1.4.5 Probenahme

Für die Entnahme der Proben sind matrixspezifisch Proben und Mengen festgelegt. Es wird eine Probe entnommen, die in A- und B- Probe geteilt und getrennt verpackt wird. Die A-Probe dient der sofortigen Aufarbeitung und Analyse im Labor, die B-Probe als Laborsicherungsprobe zur Bestätigung eines positiven Rückstandsbefundes in der A-Probe. Bei der Verpackung, dem Transport und der Aufbewahrung der Proben sind einige Grundsätze zu beachten: Die Probenverpackung muss so beschaffen sein, dass ein Zersetzen, Auslaufen oder Verschmutzen (Kreuzkontamination) der Probe verhindert wird. Blutproben sind zur Plasmagewinnung sofort mit einem Antikoagulanz (z. B. Heparin) zu versetzen.

Jede Probe ist sofort nach Entnahme so zu kennzeichnen, dass ihre zweifelsfreie Identität gesichert ist. Die Zusammengehörigkeit von Teilproben eines Probensatzes oder von Unterproben (Probe A und B) muss gewährleistet sein. A- bzw. B-Proben sind als solche zu kennzeichnen. Die Probenbehältnisse sind amtlich zu versiegeln.

Die Proben sind – mit Ausnahme von Haaren, Federn, Honig und Futtermitteln – sofort auf 2 bis 7 °C zu kühlen. Nach erfolgter Vorkühlung sind sie, in geeigneten Transportbehältern verpackt, bei 2 bis 7 °C möglichst direkt ohne Zwischenlagerung zur Untersuchungseinrichtung zu transportieren.

Die Proben sind spätestens 36 Stunden, die Blutproben sofort nach der Entnahme an die Untersuchungseinrichtung zu übergeben. Proben, die nicht innerhalb von 36 Stunden an die Untersuchungseinrichtung übergeben werden können, sind sofort auf −18 bis −30 °C tiefzugefrieren. Auf dem Transport muss die Einhaltung der Gefriertemperatur gewährleistet sein.

Blutproben sind auf keinen Fall tiefzugefrieren. Bei diesen besteht die Möglichkeit, das Plasma zu gewinnen und dieses dann tiefzugefrieren. Proben, mit denen ein biologischer Hemmstofftest durchgeführt wird, dürfen ebenfalls nicht tiefgefroren werden, sondern sind sofort gekühlt dem Untersuchungsamt zuzuleiten. Die Übersendung tiefgefrorener Proben an die Untersuchungseinrichtung sollte spätestens nach einer Woche erfolgen.

Alle Proben werden durch ein Probenahmeprotokoll für das Labor begleitet. Falls das eingesandte Probenmaterial für die Untersuchung nicht geeignet sein sollte (u. a. Beschädigung der Probengefäße, Kontamination, Verderbnis, zu geringe Menge, falsche oder fehlerhafte Matrizes) muss die Probe erneut angefordert werden. Die nicht sofort für die Untersuchung benötigten B-Proben (Laborsicherungsproben) sind im Labor einzulagern. Je nach Untersuchungsmaterial erfolgt die Lagerung meist tiefgefroren bei −20 bis −30 °C. Honig und Trocken-Futtermittel, Haare und Federn werden ungekühlt und Blutplasma gekühlt bei 2 bis 7 °C gelagert. Die Lagerdauer liegt in der Regel bei 4 bis 6 Monaten.

2.1.4.6   Analytik

In der Rückstandsanalytik werden verschiedene Methoden angewandt. Dabei ist zwischen Screening- und Bestätigungsmethoden zu unterscheiden.

Screeningmethoden werden in der Regel zum qualitativen Nachweis eines Stoffes eingesetzt. Sie weisen das Vorhandensein eines Stoffes oder einer Stoffklasse in interessierenden Konzentrationen nach. Falsch negative Ergebnisse sollten ausgeschlossen sein. Screeningmethoden ermöglichen einen hohen Probendurchsatz und werden eingesetzt, um große Probenzahlen möglichst kostengünstig auf mögliche positive Ergebnisse zu prüfen.

Unter Bestätigungsmethoden versteht man Methoden, die geeignet sind, einen in der Probe vorhandenen Stoff eindeutig zu identifizieren und falls erforderlich seine Konzentration zu quantifizieren. Falsch positive Ergebnisse sollten vermieden werden, falsch negative Ergebnisse sollten ausgeschlossen sein.

Bei den angewendeten Bestätigungs- und Screeningmethoden sind die Vorgaben der Entscheidung 2002/657/EG und der Norm DIN EN ISO 17025 zu beachten. Die zu verwendenden Screening- und Bestätigungsmethoden sind für die jeweiligen Stoffe und Matrizes im Rückstandskontrollplan enthalten.

Eine häufig angewandte Screeningmethode ist der sogenannte „Dreiplattentest". Er dient dem Nachweis von Hemmstoffen (der Ausdruck bezieht sich auf das Wachstum des Testkeims), insbesondere von Antibiotika und Chemotherapeutika. Als Testkeim wird *Bacillus subtilis* verwendet. Seine Sporen sind in ein Testsystem/Nährmedium eingebracht. Wird eine Probe, die beispielsweise antibiotisch wirksame Stoffe enthält, auf dieses Testsystem gelegt, so diffundieren diese in das Nährmedium. Dadurch wird der Testkeim in der Umgebung der Probe in seinem Wachstum behindert, es entsteht eine Hemmzone.

Eine weitere gängige Screeningmethode ist das Nachweisverfahren ELISA (Enzyme Linked Immunosorbent Assay). Das Grundprinzip beruht auf einer enzymmarkierten und -katalysierten Antigen-Antikörper-Reaktion, die gemessen wird. Je nach Form des ELISA ist die zu analysierende Substanz ein Antigen oder ein Antikörper.

Häufig eingesetzte Bestätigungsmethoden, die auch als Screeningmethoden genutzt werden können, sind GC-MS und LC-MS. Unter GC-MS versteht man die Kopplung eines Gas-Chromatographie-Gerätes (GC) mit einem Massenspektrometer (MS). Dabei dient das GC zur Auftrennung des zu untersuchenden Stoffgemisches und das MS zur Identifizierung und gegebenenfalls auch Quantifizierung der einzelnen Komponenten. Im GC wird die in Lösungsmittel gelöste Probe verdampft und mittels eines Trägergases durch eine Trennsäule geleitet, die eine stationäre Phase enthält. Die Trennung der Stoffe erfolgt durch Wechselwirkungen der zu analysierenden Analyten mit der stationären Phase. Da die einzelnen Stoffe unterschiedlich stark an der stationären Phase gebunden und wieder abgelöst werden, verlassen sie die Trennsäule zu unterschiedlichen Zeiten (Retentionszeiten). Im MS wird die Häufigkeit bestimmt, mit der einzelne Ionen auftreten. Durch die Messung erhält man ein Ionenmuster. Dieses Muster erlaubt sowohl eine Identifizierung der Stoffe als auch eine quantitative Bestimmung. Das LC-MS bedient sich eines ähnlichen Prinzips. Die Auftrennung erfolgt mittels Flüssigchromatographie (LC), die Identifizierung und Quantifizierung wiederum mittels MS. Bei der LC fungiert eine Flüssigkeit als mobile Phase, als stationäre Phase dient ein Feststoff oder eine Flüssigkeit. Die flüssige Probe wandert an der stationären Phase entlang. Die Trennung erfolgt wiederum durch Wechselwirkungen der zu analysierenden Analyten mit der stationären Phase. Mit dem MS erfolgen die Identifizierung und quantitative Bestimmung. In den letzten Jahren wurden die einfachen MS-Detektoren durch MS/MS-Detektoren ersetzt. Diese verfügen über eine wesentlich bessere Spezifität und Sensitivität.

2.1.4.7 Höchstgehalt/Höchstmenge

Höchstgehalte sind in der EU-Gesetzgebung festgeschriebene, höchstzulässige Mengen für Pflanzenschutzmittelrückstände und Kontaminanten in oder auf Lebensmitteln, die beim gewerbsmäßigen Inverkehrbringen nicht überschritten werden dürfen. Sie werden unter Zugrundelegung strenger international anerkannter wissenschaftlicher Maßstäbe so niedrig wie möglich und niemals höher als toxikologisch vertretbar festgesetzt.

Der gleichbedeutende Begriff Höchstmenge wird in der EU- und nationalen Gesetzgebung in verschiedenen Verordnungen, so z. B. in der Verordnung (EG) Nr. 470/2009 in Verbindung mit der Verordnung (EU) Nr. 37/2010 für die rechtliche Bewertung von Tierarzneimittelrückständen und in der nationalen Rückstands-Höchstmengenverordnung (RHmV) für die rechtliche Regelung von Rückständen von Pflanzenschutzmitteln verwendet. Beide Begriffe können demnach verwendet werden, wobei der Begriff Höchstgehalt präziser ist, da es sich nicht um eine Mengenangabe handelt, sondern um einen bestimmten Wert (Gehalt).

2.1.5 Maßnahmen für Tiere oder Erzeugnisse, bei denen Rückstände festgestellt wurden

2.1.5.1 Maßnahmen nach positiven Rückstandsbefunden im Rahmen des NRKP

Die Beanstandung von Lebensmitteln mit unerlaubten Rückständen pharmakologisch wirksamer Stoffe erfolgt nach gemeinschaftsrechtlichen Vorgaben. Für die Maßnahmen sind die Länder verantwortlich.

Als positiver Rückstandsbefund gilt bei als Tierarzneimittel zugelassenen Stoffen und Kontaminanten ein mit einer Bestätigungsmethode abgesicherter quantitativer Befund, bei dem eine Überschreitung von festgelegten Höchstmengen vorliegt. Bei verbotenen und nicht als Tierarzneimittel zugelassenen Stoffen ist ein Befund als positiv zu bewerten, wenn er qualitativ und quantitativ mit einer Bestätigungsmethode abgesi-

chert wurde. Derartige Lebensmittel werden beanstandet und dürfen nicht mehr in den Verkehr gebracht werden.

Die für die Lebensmittel- bzw. Veterinärüberwachung zuständigen Behörden der Länder leiten verschiedene, im Folgenden aufgeführte Maßnahmen zum Schutz der Verbraucher und zur Ursachenfindung ein:

a) Durch die zuständige Überwachungsbehörde erfolgen Vor-Ort-Überprüfungen im Herkunftsbetrieb, um die Ursachen der Rückstandsbelastung festzustellen. Diese Kontrollen beinhalten die Überprüfung von Aufzeichnungen und ggf. zusätzliche Probenahmen, wenn notwendig auch von Futter und Tränkwasser. Es kann weiterhin eine verstärkte Kontrolle und Probenahme im Herkunftsbetrieb für einen längeren Zeitraum angeordnet werden.

b) Tierkörper und Nebenprodukte werden gegebenenfalls als untauglich für den menschlichen Verzehr beurteilt.

c) Bei einem begründeten Verdacht auf Vorliegen eines positiven Rückstandsbefundes kann die Abgabe oder Beförderung zur Schlachtung versagt werden. Ebenso ist ein Versagen der Schlachterlaubnis möglich.

d) Für Tiere, bei denen Rückstände von verbotenen bzw. nicht zugelassenen Stoffen nachgewiesen wurden, kann die Tötung angeordnet werden.

e) Gegen den Verantwortlichen des Herkunftsbetriebes kann Strafanzeige gestellt werden.

f) Auffällige Betriebe unterstehen der verstärkten Kontrolle.

g) Die Möglichkeit, EU-Zuschüsse zu erhalten oder zu beantragen, kann versagt werden.

2.1.5.2 Maßnahmen nach positiven Rückstandsbefunden im Rahmen des EÜP

Maßnahmen nach positiven Rückstandsbefunden sind in der Lebensmitteleinfuhr-Verordnung (LMEV) festgelegt. Wurde demnach bei Lebensmitteln tierischen Ursprungs eine Überschreitung festgesetzter Höchstgehalte

* an Rückständen von Stoffen mit pharmakologischer Wirkung,

* von anderen Stoffen, die die menschliche Gesundheit beeinträchtigen können,

* an Rückständen verbotener Stoffe mit pharmakologischer Wirkung oder deren Umwandlungsprodukten

festgestellt, hat die für die Grenzkontrollstelle zuständige Behörde bei der Einfuhruntersuchung bei den folgenden Sendungen lebender Tiere oder Lebensmittel tierischen Ursprungs desselben Ursprungs oder derselben Herkunft verstärkte Kontrollen vorzunehmen.

Eine verstärkte Überwachung wird ebenfalls durchgeführt nach Meldungen aus dem Europäischen Schnellwarnsystem oder im Rahmen von sogenannten Schutzklauselentscheidungen der Kommission.

Im Falle eines Verdachtes wird eine Sendung beschlagnahmt, bis das Ergebnis vorliegt. Die beanstandeten Erzeugnisse werden an der Grenze zurückgewiesen oder auch vernichtet. Sollte bereits eine Verteilung auf dem europäischen Markt erfolgt sein, wird die Sendung zurückgerufen. Bei einer Zurückweisung ist sicherzustellen, dass die Sendung nicht über eine andere Grenzkontrollstelle wieder in die Europäische Union eingeführt wird.

Über im Rahmen der Einfuhruntersuchung beanstandete Lebensmittel werden die anderen Mitgliedstaaten und die Europäische Kommission durch entsprechende Meldungen im Europäischen Schnellwarnsystem informiert.

Die Europäische Kommission berücksichtigt die Ergebnisse der Einfuhruntersuchung bei ggf. einzuleitenden Schutzmaßnahmen gegenüber Drittländern.

2.2 Ergebnisse des NRKP 2012

2.2.1 Überblick über die Rückstandsuntersuchungen des NRKP im Jahr 2012

Im Jahr 2012 wurden in Deutschland 704.960 Untersuchungen an 58.998 Proben von Tieren oder tierischen Erzeugnissen durchgeführt. Die Herkunft der Proben gliedert sich wie in Tabelle 2.2 dargestellt.

Tab. 2.2 (NRKP) Verteilung der Probenzahlen auf die einzelnen Länder

Herkunft	Anzahl Proben
Deutschland	58.246
Niederlande	316
Dänemark	86
Polen	82
Frankreich	72
Österreich	63
Belgien	46
Tschechische Republik	38
Luxemburg	32
Spanien	8
Irland	5
Rumänien	2
sonstige	2

Insgesamt wurde auf 971 Stoffe geprüft, wobei jede Probe auf bestimmte Stoffe dieser Stoffpalette untersucht wurde. Zu den genannten Untersuchungs- bzw. Probenzahlen kommen Proben von über 275.000 Tieren hinzu, die mittels einer Screeningmethode, dem sogenannten Dreiplattentest, auf Hemmstoffe untersucht wurden.

Die Anzahl der Proben untersuchter Tiere und tierischer Erzeugnisse im Einzelnen ist der Tabelle 2.3 zu entnehmen. Details zu den untersuchten Stoffen, zur Zahl der untersuchten Proben und Tierarten sind den Berichten des BVL „Jahresbericht 2012 zum Nationalen Rückstandskontrollplan (NRKP)" und „Jahresbericht 2012 zum Einfuhrüberwachungsplan (EÜP)" unter http://www.bvl.bund.de/nrkp zu entnehmen.

2.2.2 Ergebnisse des NRKP 2012 im Einzelnen

Im Jahr 2012 waren von den 58.998 Proben 268 positiv. Der Prozentsatz der ermittelten positiven Rückstandsbefunde war mit 0,45 % im Vergleich zum Vorjahr etwas niedriger. Im Jahr 2011 waren 0,56 % und im Jahr 2010 waren 0,73 % der untersuchten Planproben mit Rückständen oberhalb der zulässigen Höchstgehalte bzw. mit nicht zugelassenen oder verbotenen Stoffen belastet.

2.2.2.1 Rinder

Im Jahr 2012 wurden Proben von 1.540 Kälbern, 10.114 Rindern und 3.340 Kühen getestet. Von diesen insgesamt 14.994 Rinderproben wurden 8.612 Proben auf verbotene Stoffe mit anaboler Wirkung und andere verbotene bzw. nicht zugelassene Stoffe, 2.951 auf antibakteriell wirksame Stoffe, 4.698 auf sonstige Tierarzneimittel und 1.219 auf Umweltkontaminanten untersucht. Die Proben wurden direkt beim Erzeuger bzw. im Schlachthof entnommen.

Insgesamt waren 2012 mit 0,38 % der untersuchten Rinder etwas weniger positive Befunde zu verzeichnen als im Vorjahr mit 0,51 %. Mit 1,15 % enthielten die 2.252 im Schlachthof entnommenen Proben von Kühen am häufigsten Rückstände, gefolgt von im Schlachthof entnommenen Proben von Kälbern (993) mit 0,81 % und Proben von Mastrindern aus dem Schlachthof (7.344) mit 0,27 %.

Verbotene und nicht zugelassene Stoffe

Insgesamt wurden 570 Rinderproben auf Resorcylsäure-Lactone untersucht (positiv 0,35 %). Bei einem Mastrind wurde Zeranol und Taleranol im Urin mit Gehalten von 1,1 µg/kg bzw. 1,2 µg/kg nachgewiesen. Bei einem weiteren Mastrind wurde Zeranol im Urin mit einem Gehalt von 1,1 µg/kg ermittelt. In beiden Fällen wurde anhand der Analysenergebnisse davon ausgegangen, dass im Bestand mykotoxinhaltiges Futter, welches ebenfalls als Ursache in Frage kommt, verfüttert wurde.

Tab. 2.3 (NRKP) Anzahl der Proben untersuchter Tiere und tierischer Erzeugnisse

Rind	Schwein	Schaf	Pferd	Geflügel	Aquakulturen	Kaninchen	Wild	Milch	Eier	Honig
14.994	30.513	600	160	9.076	585	33	213	1.902	709	213

Zusätzlich mittels Hemmstofftest untersuchte Proben										
Rind	Schwein	Schaf	Pferd	Geflügel	Aquakulturen	Kaninchen	Wild	Milch	Eier	Honig
16.882	274.870	2.621	84	138	37	8	5	–	–	–

In 1 von 611 Proben von Rindern (0,16 %) wurde im Blutplasma Metronidazol gefunden. Eine Ursache konnte nicht ermittelt werden.

Tierarzneimittel

Von den 2.951 auf Stoffe mit antibakterieller Wirkung untersuchten Rinderproben enthielten 5 (0,17 %) Rückstände oberhalb des gesetzlich vorgeschriebenen Höchstgehaltes. Dies sind mehr als doppelt so viele positive Proben wie im Vorjahr (0,07 %). Nachgewiesen wurden 3 verschiedene Antibiotika. Gentamicin wurde in der Niere einer Kuh mit einem Gehalt von 1.327 µg/kg und in der Niere eines Mastrindes mit 8.701 µg/kg gefunden. Benzylpenicillin wurde im Muskel eines Mastrindes mit 115 µg/kg und im Muskel einer Kuh mit 1.098 µg/kg und Tetracyclin im Muskel einer Kuh mit 471 µg/kg und in der Niere derselben Kuh mit 1.704 µg/kg nachgewiesen. Die zulässigen Höchstgehalte betragen für Gentamicin in Nieren 750 µg/kg, für Benzylpenicillin im Muskel 50 µg/kg und für Tetracyclin im Muskel 100 µg/kg und in der Niere 600 µg/kg. Insgesamt wurden 499 Rinderproben auf Gentamicin (positiv 0,40 %), 469 Proben auf Benzylpenicillin (positiv 0,43 %) und 1.035 Proben auf Tetracyclin (positiv 0,10 %) untersucht.

Auf sonstige Tierarzneimittel wurden 4.698 Rinderproben untersucht, von denen 7 Proben (0,15 %) positiv waren. In 1 von 119 auf 4-Methylamino-Antipyrin untersuchten Proben von Kühen (0,84 %) wurden in der Leber 244 µg/kg des Stoffes nachgewiesen. 4-Methylamino-Antipyrin ist ein Metabolit von Metamizol. Der zulässige Höchstgehalt liegt für Rinderleber bei 100 µg/kg. In 6 von 363 auf Dexamethason untersuchten Proben von Kühen (1,65 %) wurden jeweils Rückstände oberhalb der gesetzlichen Normen nachgewiesen. Tabelle 2.4 zeigt die gefundenen Werte sowie den jeweiligen zulässigen Höchstgehalt je Probe.

Tab. 2.4 (NRKP) Positive Dexamethasongehalte bei Kühen

Probe	Matrix	Rückstandsmenge in µg/kg	zulässiger Höchstgehalt in µg/kg
1	Leber	2,5	2
2	Leber	5,1	2
3	Leber	6,1	2
4	Leber	55,3	2
	Muskel	1,6	0,75
5	Leber	122	2
	Muskel	2,6	0,75
6	Leber	255,7	2

Kontaminanten und sonstige Stoffe

Insgesamt wurden 1.219 Proben auf Kontaminanten und sonstige Stoffe getestet. In 42 von 308 Proben (13,64 %) wurden Gehalte an chemischen Elementen oberhalb der zulässigen Höchstgehalte nachgewiesen.

Cadmiumbefunde

In Nieren von 5 der 92 auf Cadmium untersuchten Proben von Kühen (5,43 %) wurde Cadmium oberhalb des zulässigen Höchstgehaltes von 1 mg/kg mit Gehalten von 1,25 mg/kg, 1,39 mg/kg, 1,71 mg/kg, 2,39 mg/kg und 2,7 mg/kg nachgewiesen. Auch in 6 von 186 untersuchten Proben anderer Rinder (3,21 %) wurde Cadmium in Nieren mit Werten von 1,25 mg/kg, 1,427 mg/kg, 1,57 mg/kg, 2 mg/kg, 2,25 mg/kg und 2,58 mg/kg nachgewiesen.

Quecksilberbefunde

Bei 3 von 186 untersuchten Mastrindern (1,60 %) und 10 von 92 Kühen (10,87 %) wurden in der Niere Quecksilbergehalte in einer Menge über dem zulässigen Höchstgehalt von 0,01 mg/kg nachgewiesen. Die Gehalte lagen zwischen 0,011 mg/kg und 0,042 mg/kg (Mittelwert 0,019 mg/kg, Median 0,016 mg/kg). Die Befunde wurden in der Regel an die zuständige Behörde weitergeleitet, um die Ursachen zu ermitteln. Aufgrund der geringen Gehalte wird als Ursache eine Umweltkontamination angenommen.

Tab. 2.5 (NRKP) Positive Rückstandsbefunde von Stoffen mit antibakterieller Wirkung bei Schweinen

Probe	Stoff	Tierart	Matrix	Rückstandsmenge in μg/kg	zulässiger Höchstgehalt in μg/kg
1	Dihydrostreptomycin	Mastschwein	Niere	81.601	1.000
	Benzylpenicillin	Mastschwein	Niere	3.293	50
			Muskel	88	50
2	Enrofloxacin	Zuchtschwein	Niere	726	300
			Muskel	162	100
3	Enrofloxacin	Mastschwein	Muskel	287	100
4	Trimethoprim	Mastschwein	Muskel	2.247	50
	Sulfadimidin		Muskel	8.591	100
5	Sulfadimidin	Mastschwein	Muskel	237	100
6	Tetracyclin	Mastschwein	Muskel	120	100
7	Tetracyclin	Mastschwein	Muskel	126	100
8	Oxytetracyclin	Ferkel	Muskel	279	100

Kupferbefunde

Höchstgehaltsüberschreitungen in Lebern gab es in 8 der 10 untersuchten Kälberproben (80 %), in neun von 16 Mastrinderproben (56,25 %) und in 4 von 9 Kuhproben (44,44 %). Die Gehalte lagen zwischen 37,3 mg/kg und 348 mg/kg (Mittelwert: 141,0 mg/kg, Median: 139,0 mg/kg) und damit zum Teil deutlich über dem für Leber zulässigen Höchstgehalt von 30 mg/kg.

Fazit Rinder

Auch wenn es sich bei den Untersuchungen um zielorientierte und keine repräsentativen Probenahmen handelte, kann festgestellt werden, dass im Jahr 2012 Mastrinder weiterhin gering mit Rückständen oberhalb der Höchstgehalte bzw. mit verbotenen oder nicht zugelassenen Stoffen belastet waren. Die Ergebnisse lagen zum Teil etwas höher als im Vorjahr. Quecksilber und Cadmium oberhalb des Höchstgehaltes werden immer noch häufig in der Regel bei Tieren über zwei Jahren nachgewiesen. Die Auswertung der Kupferbefunde ergab eine relativ hohe Anzahl von Höchstgehaltsüberschreitungen. Da der Einsatz von Kupfer als Futterzusatzstoff aber erlaubt ist, muss ggf. der aus dem Pestizidbereich stammende zulässige Höchstgehalt gegebenenfalls angepasst werden. Bezüglich der Risikobewertung für den Verbraucher wird auf die Stellungnahme des BfR (siehe Abschn. 2.4) verwiesen.

2.2.2.2 Schweine

2012 wurden insgesamt 30.513 Proben von Schweinen untersucht, davon 14.990 Proben auf verbotene Stoffe mit anaboler Wirkung und andere verbotene bzw. auf nicht zugelassene Stoffe, 9.918 auf antibakteriell wirksame Stoffe, 11.867 auf sonstige Tierarzneimittel und 3.496 auf Umweltkontaminanten. Die Proben wurden direkt beim Erzeuger bzw. im Schlachthof entnommen.

Insgesamt enthielten 0,49 % der untersuchten Proben unzulässige Rückstandsgehalte. Im letzten Jahr war der Anteil mit 0,56 % etwas höher.

Verbotene und nicht zugelassene Stoffe

Auf verbotene Stoffe mit anaboler Wirkung und andere verbotene bzw. auf nicht zugelassene Stoffe wurden insgesamt 14.990 Proben untersucht.

Bei 2 von 3.975 untersuchten Proben von Schweinen aus dem Schlachthof (0,05 %) wurde einmal im Plasma und einmal im Muskel Metronidazol mit Gehalten von 0,3 μg/kg und 0,52 μg/kg gefunden. Zu einer Probe gab es keine weiteren Erkenntnisse. Bei der anderen Probe wurde eine Verschleppung im Schlachtbetrieb vermutet.

Tierarzneimittel

Von den 9.918 auf Stoffe mit antibakterieller Wirkung untersuchten Proben waren 8 (0,08 %) positiv. Dies sind fast dreimal so viele positive Proben wie im Vorjahr (0,03 %). Nachgewiesen wurden 7 verschiedene Antibiotika. Tabelle 2.5 gibt die gefundenen Werte sowie den jeweiligen zulässigen Höchstgehalt je Probe an.

Insgesamt wurden 925 Schweineproben auf Dihydrostreptomycin (positiv 0,11 %), 1.132 Proben auf Benzylpenicillin (positiv 0,09 %), 2.978 Proben auf Enrofloxacin (positiv 0,07 %), 1.793 Proben auf Trimethoprim (positiv 0,06 %), 3.177 Proben auf Sulfadimidin (positiv 0,06 %), 2.482 Proben auf Oxytetracyclin (positiv 0,04 %) und 3.017 Proben auf Tetracyclin (positiv 0,07 %) untersucht.

Von den 11.867 Proben auf sonstige Tierarzneimittel untersuchen Proben wurden 3 Proben (0,03 %) beanstandet. In 1 von 468 Proben (0,21 %) wurde in der Leber Albendazol mit einem Gehalt von 0,66 µg/kg nachgewiesen. Der Screeningbefund wurde irrtümlicherweise nicht bestätigt. Albendazol darf aber bei Schweinen nicht angewendet werden. Bei einem weiteren Schwein wurde ebenfalls in der Leber Flubendazol und Aminoflubendazol in der Summe mit einem Gehalt von 771 µg/kg gefunden. Der zulässige Höchstgehalt für die Summe der beiden Stoffe liegt bei 400 µg/kg. Als dritter Befund wurde Xylazin in der Niere eines Schweins mit einem Gehalt von 0,493 µg/kg ermittelt. Xylazin darf bei Schweinen nicht angewendet werden.

Kontaminanten und sonstige Stoffe

Insgesamt 3.496 Proben wurden auf Kontaminanten und sonstige Stoffe getestet.

In 136 von 1.485 Proben (9,16 %) wurden Gehalte von chemischen Elementen oberhalb der zulässigen Höchstgehalte nachgewiesen.

Cadmiumbefunde

In 13 auf Cadmium untersuchten Schweinenierenproben und einer Leberprobe wurde Cadmium oberhalb des Höchstgehaltes festgestellt, mit Gehalten in der Leber von 0,797 mg/kg und in den Nieren zwischen 1,06 mg/kg und 2,01 mg/kg (Mittelwert: 1,48 mg/kg, Median: 1,50 mg/kg). 1.485 Proben wurden auf Cadmium untersucht (positiv 0,94 %). Der zulässige Höchstgehalt für Niere liegt bei 1 mg/kg und für Leber bei 0,5 mg/kg. Betroffen waren ein Mastschwein, 11 Zuchtschweine und 2 andere Schweine.

Quecksilberbefunde

Bei 100 von 1.485 untersuchten Schweinen (6,73 %) wurden in der Niere und/oder Leber Quecksilbergehalte über dem zulässigen Höchstgehalt von 0,01 mg/kg nachgewiesen. Die Gehalte lagen zwischen 0,011 mg/kg und 0,628 mg/kg (Mittelwert 0,040 mg/kg, Median 0,026 mg/kg). Die Befunde verteilten sich nach Tierkategorie und Matrix wie folgt:

- Mastschweine: 32× Niere; 5× Leber; 19× Leber und Niere,
- Zuchtschweine: 23× Niere; 2× Leber; 8× Leber und Niere,
- andere Schweine: 7× Niere; 3× Leber; 1× Leber und Niere.

Die Befunde wurden in der Regel an die zuständige Behörde weitergeleitet, um die Ursachen zu ermitteln. In den meisten Fällen wird als Ursache eine Umweltkontamination verbunden mit dem Alter der Tiere angenommen. Konkrete andere Ursachen konnten nicht ermittelt werden.

Kupferbefunde

Höchstgehaltsüberschreitungen gab es bei 42 Leber- und 4 Nierenproben von 178 untersuchten Tieren (25,84 %). 39 positive Proben stammten von Mastschweinen, 1 Probe vom Zuchtschwein und 6 Proben von anderen Schweinen. Die Gehalte lagen zwischen 32,4 mg/kg und 300 mg/kg (Mittelwert: 80,62 mg/kg, Median: 65,85 mg/kg) und damit zum Teil deutlich über dem für Leber und Niere zulässigen Höchstgehalt von 30 mg/kg.

Fazit Schweine

Schweine wiesen auch 2012 nur in wenigen Fällen Rückstände in unzulässiger Höhe auf. Gegenüber dem Vorjahr war die Gesamtanzahl positiver Befunde zwar niedriger, in einzelnen Stoffgruppen wie Antibiotika und sonstige Tierarzneimittel war aber ein höherer Anteil an Höchstgehaltsüberschreitungen zu verzeichnen. Relativ häufig sind die inneren Organe insbesondere älterer Tiere mit Quecksilber und Cadmium auch oberhalb der zulässigen Höchstgehalte belastet.

Die Auswertung der Kupferbefunde ergab, wenn auch weniger ausgeprägt als bei den Rindern, eine vergleichsweise hohe Anzahl von Höchstgehaltsüberschreitungen.

2.2.2.3 Geflügel

Im Jahr 2012 wurden insgesamt 9.076 Proben von Geflügel untersucht, davon 5.341 Proben auf verbotene Stoffe mit anaboler Wirkung und andere verbotene bzw. auf nicht zugelassene Stoffe, 2.640 auf antibakteriell wirksame Stoffe, 3.613 auf sonstige Tierarzneimittel und 783 auf Umweltkontaminanten. Die Proben wurden direkt beim Erzeuger bzw. im Geflügelschlachtbetrieb entnommen.

Insgesamt waren 0,02 % der untersuchten Proben positiv. Dies sind deutlich weniger positive Befunde als im Vorjahr mit 0,07 %.

In einer Legehennenprobe und einer Putenprobe wurde im Muskel Nikotin nachgewiesen. Insgesamt wurden 96 Proben auf Nikotin untersucht (positiv 2,08 %). Die Gehalte lagen bei 1,4 µg/kg und 8,4 µg/kg. Eine Ursache für die Befunde konnte nicht ermittelt werden. Nikotin darf als Schädlingsbekämpfungs- und Desinfektionsmittel seit dem 14. Dezember 2003 nicht mehr in den Verkehr gebracht werden. Andere zulässige Anwendungsgebiete bei lebensmittelliefernden Tieren gibt es nicht.

Fazit Geflügel

Die Ergebnisse der zielorientierten Untersuchungen weisen auf eine nur geringe Belastung von Geflügel mit unzulässigen Rückstandsmengen hin.

2.2.2.4 Schafe

Im Berichtsjahr 2012 wurden 600 Proben von Schafen auf Rückstände geprüft, davon 272 auf verbotene Stoffe mit anaboler Wirkung und andere verbotene bzw. auf nicht zugelassene Stoffe, 213 auf antibakteriell wirksame Stoffe, 228 auf sonstige Tierarzneimittel und 76 auf Umweltkontaminanten. Alle Proben wurden im Schlachthof entnommen.

Insgesamt waren 8 Proben (1,33 %) positiv. Dies sind ähnlich viele wie im Vorjahr, in dem 1,41 % der Proben Rückstände in verbotener Höhe enthielten.

In 1 von 23 auf Dioxine und PCB untersuchten Schafproben wurde in der Leber ein positives Ergebnis ermittelt. Nachgewiesen wurde ein Dioxingehalt von 19,17 pg/g Fett WHO-PCDD/F-TEQ (WHO-TEF 2005) upper bound und ein Summengehalt von Dioxinen und dioxinähnlichen PCB von 25,97 pg/g Fett WHO-PCDD/F-PCB-TEQ (WHO-TEF 2005) upper bound. Der zulässige Höchstgehalt für WHO-PCDD/F-TEQ (WHO-TEF 2005 liegt bei 4,5 pg/g Fett und für WHO-PCDD/F-PCB-TEQ (WHO-TEF 2005) bei 10 pg/g Fett.

Bei 7 von 31 auf Schwermetalle untersuchten Proben (22,58 %) wurden Rückstände oberhalb des zulässigen Höchstgehaltes gefunden. Drei Leberproben enthielten Kupfer mit Gehalten von 130 mg/kg, 127,7 mg/kg und 43,9 mg/kg, die oberhalb des zulässigen Höchstgehaltes von 30 mg/kg lagen. In einer Nierenprobe wurde Quecksilber und Cadmium mit Gehalten von 0,023 mg/kg und 3,82 mg/kg nachgewiesen. Eine Leberprobe enthielt 0,057 mg/kg Quecksilber, eine weitere Leberprobe enthielt 1,04 mg/kg Blei und eine Nierenprobe enthielt 1,88 mg/kg Cadmium. Der zulässige Höchstgehalt für Quecksilber liegt bei 0,01 mg/kg, für Cadmium bei 1 mg/kg und für Blei bei 0,5 mg/kg. Als Ursache wird die allgemeine Umweltbelastung angenommen.

Fazit Schafe

In Schafproben wurden im Jahr 2012 keine Rückstände von Tierarzneimitteln nachgewiesen. Allerdings wurde in mehreren Fällen eine Belastung mit Schwermetallen und in einem Fall mit Dioxinen und dioxinähnlichen PCB festgestellt, die dem Anschein nach, auf eine erhöhte Umweltbelastung zurückzuführen sind.

2.2.2.5 Pferde

2012 wurden insgesamt 160 Proben von Pferden auf Rückstände geprüft, davon 78 auf verbotene Stoffe mit anaboler Wirkung und andere verbotene bzw. auf nicht zugelassene Stoffe, 26 auf antibakteriell wirksame Stoffe, 64 auf sonstige Tierarzneimittel und 28 auf Umweltkontaminanten. Alle Proben wurden in Schlachtbetrieben entnommen.

Insgesamt waren 6 Proben (3,75 %) positiv. Dies sind weniger als im Vorjahr, in dem 5,88 % der Proben Belastungen in verbotener Höhe enthielten.

Bei einem Pferd wurde Zeranol im Urin mit einem Gehalt von 3,2 µg/kg ermittelt. Insgesamt wurden 9 Pferdeproben auf Resorcylsäure-Lactone untersucht. Anhand der Analyseergebnisse wurde davon ausgegangen, dass im Bestand mykotoxinhaltiges Futter verfüttert wurde. Weitere Informationen zu der Gruppe der Resorcylsäure-Lactone sind in Abschnitt 2.2.2.1 zu finden.

Bei 1 von 4 untersuchten Tieren wurde 1,88 µg/kg Diazepam nachgewiesen, Diazepam wird als Beruhigungsmittel eingesetzt, darf aber bei lebensmittelliefernden Tieren nicht angewendet werden.

Bei 4 von 9 untersuchten Pferden wurde Cadmium und/oder Quecksilber oberhalb der zulässigen Höchstgehalte nachgewiesen. Tabelle 2.6 gibt die gefundenen Werte sowie den jeweiligen zulässigen Höchstgehalt je Probe an. Als Ursache wird die allgemeine Umweltbelastung angenommen.

Tab. 2.6 (**NRKP**) Positive Schwermetallgehalte bei Pferden

Probe	Stoff	Matrix	Rückstandsmenge in mg/kg	zulässiger Höchstgehalt in mg/kg
1	Cadmium (Cd)	Leber	1,99	0,5
		Niere	30,9	1
	Quecksilber (Hg)	Niere	0,041	0,01
2	Cadmium (Cd)	Leber	1,44	0,5
		Niere	28,54	1
3	Cadmium (Cd)	Leber	14,9	0,5
		Niere	97,6	1
		Muskulatur	0,46	0,2
	Quecksilber (Hg)	Niere	0,035	0,01
4	Cadmium (Cd)	Leber	2,91	0,5
		Niere	41,7	1
	Quecksilber (Hg)	Leber	0,032	0,01
		Niere	0,34	0,01

Fazit Pferde

Bei Pferden wurden Schwermetallgehalte unzulässiger Höhe nachgewiesen. Insbesondere bei älteren Tieren ist mit einer Schwermetallbelastung der inneren Organe zu rechnen.

2.2.2.6 Kaninchen

Aufgrund des geringen Anteils von Kaninchen am Gesamtfleischverzehr in Deutschland ist auch das Probenkontingent bei Kaninchen niedrig. 2012 wurden insgesamt 33 Proben untersucht, von denen 7 auf verbotene Stoffe mit anaboler Wirkung und andere verbotene bzw. auf nicht zugelassene Stoffe, 16 auf antibakteriell wirksame Stoffe, 11 auf sonstige Tierarzneimittel und 4 auf Umweltkontaminanten untersucht wurden. Die Proben wurden direkt beim Erzeuger oder im Schlachthof entnommen.

Bei Kaninchen konnten weder Höchstgehaltsüberschreitungen noch Rückstände von verbotenen bzw. nicht zugelassenen Stoffen ermittelt werden.

Fazit Kaninchen

Wie bereits in den letzten 7 Jahren konnten bei Kaninchenproben auch im Jahr 2012 keine Rückstände in unerlaubter Höhe festgestellt werden.

2.2.2.7 Wild

2012 wurden insgesamt 213 Wildproben untersucht, 108 stammten von Zuchtwild und 105 von Wild aus freier Wildbahn. Getestet wurden überwiegend Damwild, Rotwild, Rehe und Wildschweine. Im Gegensatz zu Zuchtwild spielen Arzneimittelrückstände bei Tieren aus freier Wildbahn keine Rolle, da letztere in der Regel nicht behandelt werden. Es wurden 32 Proben von Zuchtwild auf verbotene Stoffe mit anaboler Wirkung und andere verbotene bzw. auf nicht zugelassene Stoffe getestet. Auf antibakteriell wirksame Stoffe wurden 19 Proben von Zuchtwild und eine Probe von Wild aus freier Wildbahn, auf sonstige Tierarzneimittel 42 Proben von Zuchtwild und 22 Proben von Wild aus freier Wildbahn, und auf Umweltkontaminanten 42 Proben von Zuchtwild und 103 Proben von Wild aus freier Wildbahn untersucht.

Mit 29 Proben (13,62 %) waren 2012 gegenüber dem Vorjahr (19,40 %) weniger Proben positiv.

In einer von 25 Zuchtwildproben (4 %) wurden 90 µg/kg PCB 180 im Fett von Damwild nachgewiesen. Der zulässige Höchstgehalt liegt bei 80 µg/kg Fett. Die Probe enthielt außerdem auch Quecksilber in nicht erlaubter Konzentration von 0,0171 mg/kg. In weiteren 3 von 23 untersuchten Proben bei Zuchtwild konnte Quecksilber in verbotener Höhe in der Niere von Damwild (2 Proben) und Wildschwein (1 Probe) ermittelt werden. Die Gehalte lagen bei 0,04 mg/kg und zweimal 0,011 mg/kg. Der zulässige Höchstgehalt liegt bei 0,01 mg/kg. Insgesamt waren 17,39 % der Proben mit unzulässigen Quecksilberkonzentrationen belastet.

Auch bei Wild aus freier Wildbahn wurde Quecksilber oberhalb des zulässigen Höchstgehaltes von 0,01 mg/kg nachgewiesen. Bei 25 von 83 Proben (30,12 %) war dieser Wert überschritten. Überschreitungen gab es bei 4 Wildschweinproben in Leber und Niere, bei 2 Wildschweinproben in Niere und bei 19 Wildschweinproben in Leber. Die Werte lagen zwischen 0,011 mg/kg und 0,15 mg/kg (Mittelwert 0,039 mg/kg, Median 0,023 mg/kg).

Fazit Wild

Untersuchte Proben von Zuchtwild waren 2012 nur gering mit Rückständen in unzulässiger Höhe belastet. Dagegen sind insbesondere Wildschweine aus freier Wildbahn relativ häufig mit Quecksilber kontaminiert, was wahrscheinlich auch auf die Beprobung älterer Tiere zurückzuführen ist.

2.2.2.8 Aquakulturen

Im Jahr 2012 wurden 381 Proben von Forellen, 182 Proben von Karpfen und 22 Proben von sonstigen Aquakulturerzeugnissen getestet. Von den insgesamt 585 Proben wurden 141 auf verbotene Stoffe mit anaboler Wirkung und andere verbotene bzw. auf nicht zugelassene Stoffe, 73 auf antibakteriell wirksame Stoffe, 148 auf sonstige Tierarzneimittel und 496 auf Umweltkontaminanten untersucht. Die Proben wurden direkt beim Erzeuger entnommen.

Mit 5 Proben (0,85 %) waren 2012 gegenüber dem Vorjahr (0,36 %) etwas mehr Proben positiv.

Wegen der Relevanz des Stoffes in den vergangenen Jahren wurde auch 2012 ein Großteil der Proben zusätzlich zu den anderen geforderten Untersuchungen auf Rückstände einer Behandlung mit Malachitgrün untersucht. Im Einzelnen wurden auf Malachitgrün und auf dessen Metaboliten Leukomalachitgrün 282 Proben von Forellen, 127 von Karpfen und 18 von sonstigen Aquakulturerzeugnissen getestet. In 3 Proben von Forellen (1,06 %) und eine Probe von Karpfen (0,79 %) konnte Leukomalachitgrün oberhalb des MRPL nachgewiesen werden. Seitdem aufgrund von positiven Befunden im Jahr 2003 die Probenzahlen in den Folgejahren erhöht wurden, um die Überwachung der Aquakulturbestände im Hinblick auf den Einsatz von Malachitgrün zu intensivieren, werden immer wieder Rückstände bei Forellen und Karpfen festgestellt. Tabelle 2.7 zeigt die Ergebnisse der Jahre 2004 bis 2012. Es handelt sich fast ausschließlich um Leukomalachitgrünbefunde.

Die Gehalte der 4 positiven Proben lagen 2012 bei 0,0026 mg/kg, 0,0077 mg/kg, 0,0105 mg/kg und 1,05 mg/kg Leukomalachitgrün. In einem Fall konnte ausgeschlossen werden, dass die Fische im überprüften Erzeugerbetrieb behandelt worden waren. Es wurde vermutet, dass behandelte Fische zugekauft wurden. Außerdem wurde in 1 von 252 Forellenproben (0,40 %) 0,0018 mg/kg Leukokristallviolett nachgewiesen. Leukokristallviolett ist der Hauptmetabolit von Kristallviolett.

Tab. 2.7 (NRKP) Leukomalachitgrünbefunde bei Fischen aus Aquakulturen von 2004 bis 2012

	Forellen			Karpfen		
	Anzahl			Anzahl		
Jahr	Proben	positive Befunde	in %	Proben	positive Befunde	in %
2004	130	7	5 5,38	94	0	0
2005	198	8	4,04	143	3	2,10
2006	216	6	2,78	153	2	1,31
2007	219	11	5,02	142	1	0,70
2008	283	10	3,53	142	3	2,11
2009	251	6	2,39	132	1	0,76
2010	264	9	3,41	142	4	2,82
2011	280	2	0,71	142	0	0
2012	282	3	1,06	127	1	0,79

Kristallviolett zählt ebenfalls zu den Triphenylmethanfarbstoffen und wird in der Veterinärmedizin bei Zierfischen verwendet. Auch der Einsatz von Kristallviolett ist bei lebensmittelliefernden Tieren in der EU verboten. Aufgrund seiner antimykotischen und antiparasitären Eigenschaften kann Kristallviolett auch illegal bei Tieren, die der Lebensmittelgewinnung dienen, eingesetzt werden.

Fazit Aquakulturen

2012 wurde Leukomalachitgrün oberhalb des MRPLs wieder etwas häufiger nachgewiesen. Erstmals wurde auch Leukokristallviolett gefunden. Daher werden, wie bereits seit 2004, auch 2013 Fische aus Aquakulturen verstärkt auf Triphenylmethanfarbstoffe untersucht.

2.2.2.9   Milch

2012 wurden 1.902 Milchproben auf Rückstände geprüft, davon 1.379 auf verbotene und nicht zugelassene Stoffe, 1.438 auf antibakteriell wirksame Stoffe, 1.570 auf sonstige Tierarzneimittel und 351 auf Umweltkontaminanten. Die Proben wurden direkt im Erzeugerbetrieb bzw. im Fall von Umweltkontaminanten auch aus dem Tankwagen entnommen.

Gegenüber dem Vorjahr (0,05 %) waren 2012 mit 3 Proben (0,16 %) etwas mehr Proben positiv.

In 1 von 404 auf Benzylpenicillin untersuchten Milchproben (0,25 %) wurde der Stoff mit einem Gehalt von 10,9 µg/kg nachgewiesen. Der für Benzylpenicillin zugelassene Höchstgehalt beträgt 4 µg/kg. 748 Proben wurden auf Triclabendazol, ein Anthelminthikum, untersucht. In einer Probe (0,13 %) waren der Stoff und seine Metaboliten Triclabendazolsulfoxid, Triclabendazolsulfon mit Ge-

halten von 2,2 µg/kg, 6,4 µ g/kg und 39 µg/kg enthalten. Der zulässige Höchstgehalt liegt bei 10 µg/kg. Des Weiteren wurde in einer von 59 Proben (1,69 %) 2,1 µg/kg Paracetamol gefunden, das bei Rindern nicht angewendet werden darf.

Fazit Milch

Milch enthielt in Einzelfällen Rückstände in unerlaubter Höhe.

2.2.2.10   Hühnereier

709 Hühnereierproben wurden auf Rückstände geprüft, davon 148 auf verbotene Stoffe mit anaboler Wirkung und andere verbotene bzw. nicht zugelassene Stoffe, 150 auf antibakteriell wirksame Stoffe, 478 auf sonstige Tierarzneimittel und 181 auf Umweltkontaminanten. Die Proben wurden direkt im Erzeugerbetrieb bzw. in der Packstelle entnommen.

Insgesamt waren 5 (0,71 %) der untersuchten Proben positiv. Dies sind etwas weniger als im Jahr 2011, in dem 0,89 % der Proben positiv waren.

In 1 von 42 untersuchten Proben (2,38 %) wurden 50,0 µg/kg Sulfadimidin nachgewiesen. In 1 von 223 untersuchten Proben (0,45 %) wurde Lasalocid mit einem Gehalt von 587 µg/kg nachgewiesen. Der zulässige Höchstgehalt liegt bei 150 µg/kg. In einer dritten Probe wurden 0,024 mg/kg Hexachlorbenzol (HCB) gefunden. Der zulässige Höchstgehalt beträgt 0,02 mg/kg.

Dioxinuntersuchung in Eiern

Seit dem 01.01.2012 gelten die mit der Verordnung (EU) Nr. 1259/2011 geänderten Höchstgehalte für Hühnereier und Eiererzeugnisse von 2,5 pg/g Fett für die Summe aus Dioxinen (WHO-PCDD/F-TEQ), von 5,0 pg/g Fett für die Summe aus Dioxinen und dioxinähnlichen PCB (WHO-PCDD/F-PCB-TEQ) und von 40 ng/g Fett für die Summe der nicht dioxinähnlichen PCB28, PCB52, PCB101, PCB138, PCB153 und PCB180 (ICES - 6) (festgelegt in der Verordnung (EG) Nr. 1881/2006).

122 Proben von Eiern wurden auf WHO-PCDD/F-TEQ untersucht und 115 auf WHO-PCDD/F-PCB-TEQ. Alle Proben wiesen Kontaminationen an Dioxinen und dioxinähnlichen PCB in Höhe der üblichen Hintergrundbelastung auf. Höchstgehaltsüberschreitungen aufgrund erhöhter Umweltbelastung gab es nur bei Eiern aus Freilandhaltung. Hier wurde der Höchstgehalt von 5,0 pg/g Fett für die Summe aus Dioxinen und dioxinähnlichen PCB (WHO-PCDD/F-PCB-TEQ) zweimal (8 %) überschritten. Weitere Einzelheiten sind in Tabellen 2.8 und 2.9 zu finden, in denen die WHO-PCDD/F-TEQ- bzw. die WHO-PCDD/F-PCB-TEQ-Gehalte dargestellt sind.

Tab. 2.8 (NRKP) Dioxine und dioxinähnliche PCBs in Eiern, Auswertung der WHO-PCDD/F-TEQ-Gehalte

Haltungsform	Anzahl untersuchter Proben	Nachweis von Dioxinen	Anzahl Proben mit Gehalten >2,5 pg/g Fett	Mittelwert in pg/g Fett	Median in pg/g Fett	Minimum in pg/g Fett	Maximum in pg/g Fett
Erzeugnis gemäß Öko-Verordnung (EG)	10	10	0	0,38	0,35	0,05	0,90
Freilandhaltung	28	28	0	0,81	0,40	0,10	2,90
Käfighaltung	4	4	0	0,18	0,20	0,10	0,20
Bodenhaltung	69	69	0	0,24	0,20	0,04	2,50
ohne Angabe	11	11	0	0,53	0,30	0,10	2,10
Summe	**122**	**122**	**0**				
Gesamt				**0,41**	**0,20**	**0,04**	**2,90**

Tab. 2.9 (NRKP) Dioxine und dioxinähnliche PCBs in Eiern, Auswertung der WHO-PCDD/F-PCB-TEQ-Gehalte

Haltungsform	Anzahl untersuchter Proben	Nachweis von Dioxinen und dioxinähnlichen PCB	Anzahl Proben mit Gehalten >5 pg/g Fett	Mittelwert in pg/g Fett	Median in pg/g Fett	Minimum in pg/g Fett	Maximum in pg/g Fett
Erzeugnis gemäß Öko-Verordnung (EG)	10	10	0	0,98	0,66	0,30	3,32
Freilandhaltung	25	25	2	2,03	0,95	0,20	12,00
Käfighaltung	4	4	0	0,23	0,20	0,20	0,30
Bodenhaltung	65	65	0	0,34	0,20	0,06	3,00
ohne Angabe	11	11	0	0,91	0,60	0,20	2,60
Summe	**115**	**115**	**2**				
Gesamt				**0,83**	**0,40**	**0,40**	**12,00**

Fazit Hühnereier

In untersuchten Eiern wurden im Jahr 2012 Rückstände in unerlaubter Höhe in ähnlichem Umfang gefunden wie im Vorjahr. Hauptproblem waren die ubiquitär in der Umwelt vorhandenen PCB. Sie wurden zusammen mit den Dioxinen in jeder Probe festgestellt, bei 2 Proben wurde der zulässige Summenhöchstgehalt für Dioxine und dioxinähnliche PCB überschritten. Im Jahr 2011 war dies noch bei 5 Proben der Fall.

2.2.2.11 Honig

Insgesamt wurden 213 Honigproben auf Rückstände geprüft, davon 51 auf verbotene Stoffe, 133 auf antibakteriell wirksame Stoffe, 127 auf sonstige Tierarzneimittel und 169 auf Umweltkontaminanten. Die Proben wurden direkt im Erzeugerbetrieb bzw. während des Produktionsprozesses entnommen.

Von den 213 Proben waren 4 Proben (1,88 %) positiv. Dies sind etwas weniger als im Jahr 2011, in dem 2,76 % der Proben positiv waren.

In 1 von 91 Proben (1,1 %) wurden 0,39 mg/kg Amitraz nachgewiesen. Der zugelassene Höchstgehalt beträgt 0,2 mg/kg.

2 von 89 Proben (2,25 %) enthielten 0,018 mg/kg bzw. 0,04 mg/kg N,N-Diethyl-m-toluamid (DEET). Der zulässige Höchstgehalt liegt bei 0,01 mg/kg. DEET ist ein Insektizid mit einem breiten Wirkungsspektrum. Ursache war der Einsatz des Insektenabwehrsprays „FABI". Verwendet wurde offenbar ein älteres Spray, das den Stoff DEET noch enthielt. Neuere Sprays sollen diesen Wirkstoff nicht mehr enthalten. In einem Fall war zum Zeitpunkt der Ergebnismitteilung kein Honig mehr vorhanden, in dem anderen Fall wurde ein Verkehrsverbot für den restlichen Honig ausgesprochen.

Des Weiteren wurde in 1 von 3 auf Kupfer untersuchten Proben (33,33 %) der Stoff oberhalb des zulässigen Höchstgehaltes nachgewiesen. Der Gehalt lag bei 0,467 mg/kg. In der Verordnung (EG) 396/2005 ist kein spezifischer Höchstgehalt für Kupfer in Honig festgelegt, es gilt deshalb nach Art. 18 Abs. 1b der Höchstgehalt von 0,01 mg/kg. Die natürlichen Gehalte von Kupfer liegen aber bereits weit über diesem Gehalt.

Fazit Honig

Der Anteil an Honigproben mit Rückständen in unerlaubter Höhe war etwas geringer als im Vorjahr. Es wurde

Tab. 2.10 (NRKP) Übersicht über positive Rückstandsbefunde im Zeitraum 2010 bis 2012, verteilt auf die einzelnen Tierarten

Tierart/Erzeugnis	2010			2011			2012		
	Anzahl			Anzahl			Anzahl		
	Proben	positive Befunde	in %	Proben	positive Befunde	in %	Proben	positive Befunde	in %
Rinder	14.843	82	0,55	14.651	74	0,51	14.994	57	0,38
Schweine	28.730	266	0,93	29.114	162	0,56	30.513	149	0,49
Schafe	600	2	0,33	566	8	1,41	600	8	1,33
Pferde	117	4	3,42	119	7	5,88	160	6	3,75
Kaninchen	25	0	0	36	0	0	33	0	0
Wild	213	27	12,68	232	45	19,40	213	29	13,62
Geflügel	7.948	7	0,09	8.366	6	0,07	9.076	2	0,02
Aquakulturen	540	14	2,59	550	2	0,36	585	5	0,85
Milch	1.896	1	0,05	1.837	1	0,05	1.902	3	0,16
Eier	785	1	0,13	673	6	0,89	709	5	0,71
Honig	186	6	3,23	181	5	2,67	213	4	1,88

Abb. 2.1 (NRKP) Anteil positiver Proben im Dreiplattentest (Untersuchung auf Hemmstoffe)

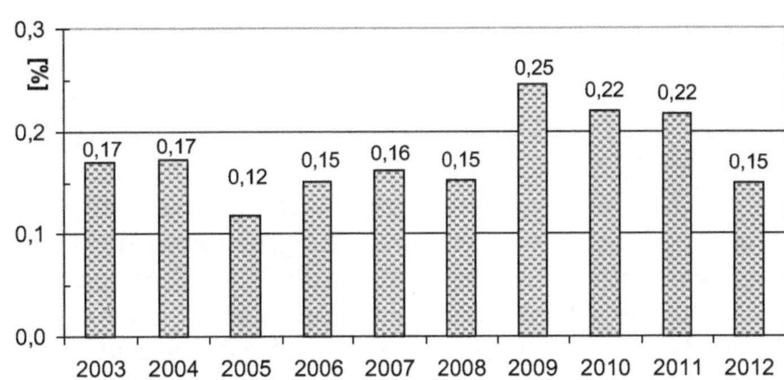

allerdings, im Gegensatz zu ausschließlichen Kupferbefunden im Vorjahr, in 3 Proben Insektizide nachgewiesen.

2.2.3 Entwicklung positiver Rückstandsbefunde von 2010 bis 2012

Tabelle 2.10 fasst noch einmal die positiven Rückstandsbefunde von 2010 bis 2012 je Tierart bzw. Erzeugnis zusammen. Insgesamt ist die Belastung mit unzulässigen Rückstandsmengen weiterhin gering. Bei Rindern, Schweinen, Schafen, Pferden, Wild, Geflügel, Eiern und Honig ist die Anzahl der positiven Rückstandsbefunde leicht zurückgegangen. Bei Aquakulturen und Milch ist die Anzahl der positiven Befunde im Vergleich zum Vorjahr deutlich angestiegen. Bei Kaninchen waren in den letzten 8 Jahren keine positiven Befunde mehr zu verzeichnen.

2.2.4 Hemmstoffuntersuchungen im Rahmen des NRKP

In Deutschland sind entsprechend den Vorgaben der Verordnung zur Regelung bestimmter Fragen der amtlichen Überwachung des Herstellens, Behandelns und Inverkehrbringens von Lebensmitteln tierischen Ursprungs (Tierische Lebensmittel-Überwachungsverordnung) bei mindestens 2 % aller gewerblich geschlachteten Kälber und mindestens 0,5 % aller sonstigen gewerblich geschlachteten Huftiere amtliche Proben zu entnehmen und auf Rückstände zu untersuchen. Ein großer Teil dieser Proben, im Jahr 2012 waren es 294.645, wird mittels Dreiplattentest, einem kostengünstigen mikrobiologischen Screeningverfahren zum Nachweis von antibakteriell wirksamen Stoffen (Hemmstoffe), untersucht. Wie aus Abbildung 2.1 ersichtlich, ist der Anteil an positiven Hemmstofftestbefunden wieder leicht gesunken und liegt bei unter 0,15 %. Betrachtet man die letzten 10 Jahre, so lag der Anteil fast immer auf ähnlichem Niveau, d. h. fast immer unter 0,2 % bzw. in den Jahren 2009 bis 2011 zwischen 0,22 % und 0,25 %.

Die Wirkstoffe in Proben, die mittels Dreiplattentest positiv getestet wurden, werden im Anschluss mit einer sogenannten Bestätigungsmethode identifiziert und quantifiziert. 2012 wurden insgesamt 703 hemmstoffpositive Plan- und Verdachtsproben sowie hemmstoffpositive Proben aus der bakteriologischen Fleischuntersuchung auf diese Weise nachuntersucht. Es wurde auf 184 Stoffe getestet. Bei 213 Proben (30,3 %) konnten Rückstände von verbotenen Stoffen bzw. oberhalb von zulässigen Höchstgehalten nachgewiesen werden. In 405 Proben (57,61 %) waren Rückstände unterhalb des Höchstgehaltes zu finden. Insgesamt konnten bei 478 Proben (67,99 %) die Hemmstoffe ermittelt werden, die die voraussichtliche Ursache für den positiven Befund waren. Da eine Probe Rückstände von mehreren Stoffen sowohl ober- als auch unterhalb der Höchstmengen enthalten kann, ist die Gesamtzahl der Proben mit Rückständen geringer als die Summe der beiden genannten Teilzahlen. Am häufigsten wurden Tetracycline gefolgt von Penicillinen, Chinolonen, Aminoglycosiden, Sulfonamiden und Diaminopyrimidinen gefunden. In einigen Proben wurden auch Macrolide, Linkosamide, Amphenicole und Cephalosporine nachgewiesen. Bei den genannten Gruppen handelt es sich um Stoffe mit antibakterieller Wirkung. An sonstigen Tierarzneimitteln wurden Entzündungshemmer, Antiparasitika (Anthelminthika) und synthetische Kortikosteroide nachgewiesen. Bei letzteren Befunden ist anzunehmen, dass es sich hierbei um Nebenbefunde handelt, die nicht die eigentliche Ursache für den positiven Dreiplattentest waren.

Die Anzahl der Befunde gliedert sich im Einzelnen wie in Tabelle 2.11 aufgeführt. Die Spalte „Anzahl Proben mit Rückständen gesamt" gibt nicht die Summe aus Anzahl „Positive Ergebnisse" und „Rückstandsnachweise" wieder, sondern die tatsächliche Anzahl an Proben, d. h. eine Probe kann mehrfach genannt sein, wird hier aber nur einmal gezählt. Das gleich gilt für die Zeile „Gesamt".

2.2.4.1 Ermittlung der Ursachen von positiven Rückstandsbefunden

Nach der Richtlinie 96/23/EG sind die Mitgliedstaaten verpflichtet, die Ursachen für positive Rückstandsbefunde zu ermitteln. In Deutschland übernehmen die für die Lebensmittel- bzw. Veterinärüberwachung zuständigen Behörden der Länder diese Aufgabe. Die Ursachen für positive Rückstandsbefunde konnten bei den pharmakologisch wirksamen Stoffen für 11 der 32 positiven Proben (34,38 %) ermittelt werden bzw. es bestand ein begründeter Verdacht. Ursachen waren beispielsweise die Nichteinhaltung von Wartezeiten oder der unsachgemäße Einsatz von Tierarzneimitteln. Bei einer auf dioxin-

Tab. 2.11 (**NRKP**) Anzahl der bestätigten Befunde nach positivem Hemmstofftest

Stoffgruppe	positive Ergebnisse	Rückstandsnachweise	Anzahl Proben mit Rückständen gesamt
Tetracycline	88	285	309
Penicilline	42	55	80
Chinolone	37	47	70
Aminoglycoside	33	26	48
Sulfonamide	15	33	46
Diaminopyrimidine	12	30	36
Macrolide	3	14	16
Entzündungshemmer	4	9	12
Linkosamide	1	7	8
Anthelminthika	0	8	8
synthetische Kortikosteroide	4	3	6
Amphenicole	3	1	3
Cephalosporine	0	1	1
Gesamt	**213**	**405**	**478**

ähnliche PCBs getesteten positiven Eierprobe wurde eine Kontamination der Auslauffläche durch Straßenarbeiten als Ursache ermittelt. Bei den restlichen Proben gab es keine Erkenntnisse. Die Schwermetallbelastungen wurden bei 36 der 219 positiven Proben (16,44 %) auf die allgemeine Umweltbelastung und bei 19 Proben (8,68 %) auf das höhere Alter der Tiere als mögliche Ursache zurückgeführt. Bei den restlichen Proben konnte die Ursache nicht ermittelt werden bzw. es gab keine Anmerkungen. Die positiven Leukomalachitgrünbefunde sind wahrscheinlich auf eine nicht sachgerechte Teichdesinfektion beziehungsweise eine unzulässige Behandlung von Fischen oder Fischeiern zurückzuführen.

2.3 Ergebnisse des EÜP 2012

2.3.1 Überblick über die Rückstandsuntersuchungen des EÜP im Jahr 2012

Im Jahr 2012 wurden in Deutschland 18.141 Untersuchungen an 1.337 Proben von tierischen Erzeugnissen durchgeführt. In Tabelle 2.12 sind die Anzahl der Proben, unterteilt nach Herkunft und Probenart, sowie die positiven Proben dargestellt.

Tab. 2.12 **(EÜP)** Herkunft, Probenart, Anzahl der Proben und Positive

Herkunft	Probenart	Anzahl	
		Proben	**Positive**
Ägypten	andere Schafe; Darm	1	
	Schafe Mastlämmer; Darm	5	
	Summe	6	0
Amerika	Mastrinder; Muskulatur	1	
	Summe	1	0
Argentinien	andere Kälber; Muskulatur	1	
	andere Rinder; Muskulatur	1	
	Bienen; Honig	45	
	Kaninchen; Muskulatur	1	
	Legehennen (Suppenhühnchen); Eier	3	
	Masthähnchen; Muskulatur	6	
	Mastrinder; Darm	3	
	Mastrinder; Muskulatur	59	
	Summe	119	0
Armenien	andere (Krebs-)Krustentiere; Muskulatur von Fischen	2	
	Summe	2	0
Australien, einschl. Kokosinseln, Weihnachtsinseln und Norfolk-Inseln	andere Schweine; Muskulatur	2	
	andere Wildtiere; Muskulatur	4	
	Mastschweine; Muskulatur	2	
	Schafe Mastlämmer; Muskulatur	1	
	Wildschweine; Muskulatur	6	
	Summe	15	0
Australien und Ozeanien	andere Fische; Muskulatur von Fischen	1	
	andere Rinder; Muskulatur	2	
	Kühe; Milch	2	
	Schafe Mastlämmer; Muskulatur	5	
	Summe	10	0
Bangladesch	andere (Krebs-)Krustentiere; Muskulatur von Fischen	34	
	Krabben; Muskulatur von Fischen	2	
	Prawns; Muskulatur von Fischen	3	
	Shrimps; Muskulatur von Fischen	3	
	Summe	42	0

Tab. 2.12 Fortsetzung

Herkunft	Probenart	Anzahl	
		Proben	**Positive**
Brasilien	andere Rinder; Muskulatur	1	
	anderes Geflügel; Muskulatur	4	
	Bienen; Honig	18	
	Legehennen(Suppenhühnchen); Leber	1	
	Masthähnchen; Leber	2	
	Masthähnchen; Muskulatur	119	
	Mastrinder; Darm	1	
	Mastrinder; Muskulatur	23	
	Mastschweine; Darm	1	
	Truthühner; Muskulatur	13	
	Summe	183	0
Chile	andere Fische; Muskulatur von Fischen	7	
	anderes Geflügel; Muskulatur	1	
	Bienen; Honig	19	
	Karpfen; Muskulatur von Fischen	1	
	Lachse; Muskulatur von Fischen	13	
	Masthähnchen; Muskulatur	23	
	Mastrinder; Muskulatur	5	
	Mastschweine; Muskulatur	2	
	Muscheln; Muskulatur von Fischen	2	
	Shrimps; Muskulatur von Fischen	1	
	Truthühner; Muskulatur	7	
	Summe	81	0
China, einschl. Tibet	andere Fische; Muskulatur von Fischen	56	
	andere (Krebs-) Krustentiere; Muskulatur von Fischen	12	1
	andere Mollusken; Muskulatur von Fischen	10	
	andere Rinder; Muskulatur	1	
	Bienen; Honig	23	
	Enten; Muskulatur	13	1
	Kaninchen; Muskulatur	10	
	Krabben; Muskulatur von Fischen	1	
	Lachse; Muskulatur von Fischen	26	
	Masthähnchen; Muskulatur	1	
	Mastrinder; Muskulatur	1	
	Mastschweine; Darm	9	
	Prawns; Muskulatur von Fischen	3	
	Schafe Mastlämmer; Darm	3	
	Shrimps; Muskulatur von Fischen	1	
	Wachteln; Eier	2	
	Summe	172	2

Tab. 2.12   Fortsetzung

Herkunft	Probenart	Anzahl	
		Proben	Positive
Ecuador, einschl. Galapagosinseln	andere (Krebs-) Krustentiere; Muskulatur von Fischen	3	
	Summe	3	0
El Salvador	Bienen; Honig	6	
	Summe	6	0
Ghana	andere Fische; Muskulatur von Fischen	1	
	Summe	1	0
Guatemala	Bienen; Honig	2	
	Prawns; Muskulatur von Fischen	1	
	Summe	3	0
Honduras	Prawns; Muskulatur von Fischen	1	
	Summe	1	0
Indien, einschl. Sikkim und Goa	andere Fische; Muskulatur von Fischen	6	
	andere (Krebs-)Krustentiere; Muskulatur von Fischen	3	
	andere Mollusken; Muskulatur von Fischen	2	
	Krabben; Muskulatur von Fischen	1	
	Legehennen (Suppenhühnchen); Eier	1	
	Schafe Mastlämmer; Darm	1	
	Shrimps; Muskulatur von Fischen	1	
	Summe	15	0
Indonesien, einschl. Irian Jaya	andere Fische; Muskulatur von Fischen	8	
	andere (Krebs-)Krustentiere; Futtermittel	1	
	andere (Krebs-)Krustentiere; Muskulatur von Fischen	2	
	Shrimps; Muskulatur von Fischen	2	
	Summe	13	0
Iran, Islamische Republik	Schafe Mastlämmer; Darm	6	
	Summe	6	
Israel	Bienen; Honig	1	
	Masthähnchen; Muskulatur	1	
	Truthühner; Muskulatur	8	
	Summe	10	0
Japan	andere Fische; Muskulatur von Fischen	3	
	Summe	3	0

Tab. 2.12   Fortsetzung

Herkunft	Probenart	Anzahl	
		Proben	Positive
Kanada	andere Fische; Muskulatur von Fischen	6	
	andere (Krebs-) Krustentiere; Muskulatur von Fischen	2	
	andere Rinder; Muskulatur	2	
	Hummer; Muskulatur von Fischen	1	
	Summe	11	0
Kenia	andere Fische; Muskulatur von Fischen	3	
	Summe	3	0
Kolumbien	Forellen; Muskulatur von Fischen	3	
	Summe	3	0
Kuba	andere Fische; Muskulatur von Fischen	1	
	andere (Krebs-)Krustentiere; Muskulatur von Fischen	1	
	Bienen; Honig	24	
	Summe	26	0
Libanon	Schafe Mastlämmer; Darm	1	
	Summe	1	0
Madagaskar	andere Fische; Muskulatur von Fischen	1	
	Summe	1	0
Malediven	andere Fische; Muskulatur von Fischen	22	
	Summe	22	0
Marokko	andere Fische; Muskulatur von Fischen	5	
	Summe	5	0
Mauritius	andere Fische; Muskulatur von Fischen	1	
	Summe	1	0
Mexiko	Bienen; Honig	42	1
	Summe	42	1
Namibia	andere Fische; Muskulatur von Fischen	7	
	Mastrinder; Muskulatur	3	
	Summe	10	0
Neuseeland	andere Fische; Muskulatur von Fischen	2	
	andere Wildtiere; Muskulatur	2	
	andere Ziegen; Milch	1	
	Bienen; Honig	1	
	Hirsche; Muskulatur	4	
	Kühe; Milch	2	
	Muscheln; Muskulatur von Fischen	1	
	Rotwild; Muskulatur	1	
	Schafe Mastlämmer; Muskulatur	12	
	Ziegen Mastlämmer; Muskulatur	1	
	Summe	27	0

Tab. 2.12   Fortsetzung

Herkunft	Probenart	Anzahl	
		Proben	Positive
Nicaragua	Bienen; Honig	7	
	Summe	**7**	**0**
Oman	andere Fische; Muskulatur von Fischen	1	
	Summe	**1**	**0**
Pakistan	Schafe Mastlämmer; Darm	4	
	Summe	**4**	**0**
Paraguay	Mastschweine; Darm	2	
	Summe	**2**	**0**
Peru	Forellen; Muskulatur von Fischen	1	
	Summe	**1**	**0**
Philippinen	andere Fische; Muskulatur von Fischen	6	
	Summe	**6**	**0**
Russische Föderation	andere Wildtiere; Muskulatur	2	
	Shrimps; Muskulatur von Fischen	1	
	Summe	**3**	**0**
Senegal	andere Fische; Muskulatur von Fischen	5	
	andere (Krebs-)Krustentiere; Muskulatur von Fischen	1	
	Summe	**5**	**0**
Seychellen	andere Fische; Muskulatur von Fischen	3	1
	Summe	**3**	**1**
Sri Lanka	andere Fische; Muskulatur von Fischen	31	3
	Truthühner; Muskulatur	1	
	Summe	**32**	**3**
Südafrika	andere Fische; Muskulatur von Fischen	8	1
	andere (Krebs-)Krustentiere; Muskulatur von Fischen	1	
	Mastrinder; Muskulatur	1	
	Strauße; Muskulatur	1	
	Summe	**11**	**1**
Syrien, Arabische Republik	Schafe Mastlämmer; Darm	2	
	Summe	**2**	**0**
Tansania, Vereinigte Republik	andere Fische; Muskulatur von Fischen	5	
	Bienen; Honig	1	
	Summe	**6**	**0**

Tab. 2.12   Fortsetzung

Herkunft	Probenart	Anzahl	
		Proben	Positive
Thailand	andere Fische; Muskulatur von Fischen	2	
	andere (Krebs-)Krustentiere; Futtermittel	1	
	andere (Krebs-)Krustentiere; Muskulatur von Fischen	42	
	andere Mollusken; Muskulatur von Fischen	1	
	anderes Geflügel; Muskulatur	3	
	Bienen; Honig	8	
	Enten; Muskulatur	10	
	Legehennen (Suppenhühnchen); Muskulatur	1	
	Masthähnchen; Muskulatur	78	
	Prawns; Muskulatur von Fischen	5	
	Shrimps; Muskulatur von Fischen	1	
	Summe	**152**	**0**
Türkei	andere Fische; Muskulatur von Fischen	1	
	Bienen; Honig	1	
	Schafe Mastlämmer; Darm	1	
	Summe	**3**	**0**
Uruguay	andere Kälber; Muskulatur	2	
	andere Pferde; Muskulatur	2	
	andere Rinder; Muskulatur	6	
	Kaninchen; Muskulatur	1	
	Mastrinder; Darm	2	
	Mastrinder; Muskulatur	42	
	Schafe Mastlämmer; Muskulatur	5	
	Summe	**60**	**0**
Vereinigte Staaten von Amerika	andere Fische; Muskulatur von Fischen	5	
	andere Rinder; Muskulatur	1	
	Kühe; Milch	1	
	Lachse; Muskulatur von Fischen	3	
	Legehennen (Suppenhühnchen); Eier	5	
	Mastrinder; Muskulatur	17	
	Muscheln; Muskulatur von Fischen	1	
	Wildschweine; Muskulatur	8	
	Summe	**41**	**0**

Tab. 2.12 Fortsetzung

Herkunft	Probenart	Anzahl	
		Proben	Positive
Vietnam	andere Fische; Muskulatur von Fischen	87	
	andere (Krebs-)Krustentiere; Muskulatur von Fischen	58	
	andere Mollusken; Muskulatur von Fischen	1	
	Butterfisch; Muskulatur von Fischen	1	
	Muscheln; Muskulatur von Fischen	2	
	Prawns; Muskulatur von Fischen	3	
	Shrimps; Muskulatur von Fischen	2	
	Summe	**154**	**0**
Summe Drittländer	keine Angabe	1	
		1.338	**8**

Insgesamt wurde auf 380 Stoffe geprüft, wobei jede Probe auf bestimmte Stoffe dieser Stoffpalette untersucht wurde. Die Anzahl der Proben untersuchter Tiere bzw. tierischer Erzeugnisse ist Tabelle 2.13 zu entnehmen.

2.3.2 Ergebnisse des EÜP 2012 im Einzelnen

Im Jahr 2012 enthielten 8 der 1.338 Planproben (0,6 %) Rückstände in unerlaubter Höhe. Im Vergleich zum Vorjahr (0,29 %) hat sich der Anteil positiver Befunde verdoppelt.

2.3.2.1 Rinder
Im Jahr 2012 wurden 175 Rinderproben getestet. Von diesen wurden 94 Proben auf verbotene Stoffe mit anaboler Wirkung und andere verbotene bzw. nicht zugelassene Stoffe, 37 auf antibakteriell wirksame Stoffe, 60 auf sonstige Tierarzneimittel und 41 auf Umweltkontaminanten untersucht.

Keine der Proben enthielt Rückstände in gesetzlich nicht erlaubter Höhe.

2.3.2.2 Schweine
18 Proben von Schweinen wurden insgesamt untersucht, davon 10 Proben auf verbotene Stoffe mit anaboler Wirkung und andere verbotene bzw. nicht zugelassene Stoffe,

1 auf antibakteriell wirksame Stoffe, 7 auf sonstige Tierarzneimittel und 8 auf Umweltkontaminanten.

Keine der Proben enthielt Rückstände in gesetzlich nicht erlaubter Höhe.

2.3.2.3 Geflügel
Von den insgesamt 293 Proben von Geflügel wurden 122 Proben auf verbotene Stoffe mit anaboler Wirkung und andere verbotene bzw. nicht zugelassene Stoffe, 42 auf antibakteriell wirksame Stoffe, 123 auf sonstige Tierarzneimittel und 76 auf Umweltkontaminanten untersucht.

Bei 1 von 13 Entenproben aus China wurde im Muskel das chemische Element Quecksilber in einer Konzentration von 0,021 mg/kg nachgewiesen. Der zulässige Höchstgehalt beträgt 0,01 mg/kg.

2.3.2.4 Schafe
Im Berichtsjahr wurden 48 Proben von Schafen auf Rückstände geprüft, davon 35 auf verbotene Stoffe mit anaboler Wirkung und andere verbotene bzw. nicht zugelassene Stoffe, 12 auf antibakteriell wirksame Stoffe, 14 auf sonstige Tierarzneimittel und 7 auf Umweltkontaminanten.

Keine der Proben enthielt Rückstände in gesetzlich nicht erlaubter Höhe.

2.3.2.5 Pferde
Insgesamt 2 Proben von Pferden wurden auf Rückstände geprüft. Beide wurden auf verbotene Stoffe mit anaboler Wirkung und andere verbotene bzw. nicht zugelassene Stoffe und eine davon zusätzlich auf Umweltkontaminanten untersucht.

Keine der Proben enthielt Rückstände in gesetzlich nicht erlaubter Höhe.

2.3.2.6 Kaninchen
Insgesamt wurden 12 Proben von Kaninchen auf Rückstände geprüft, davon 5 auf verbotene Stoffe mit anaboler Wirkung und andere verbotene bzw. nicht zugelassene Stoffe, 6 auf sonstige Tierarzneimittel und 6 auf Umweltkontaminanten.

Keine der Proben enthielt Rückstände in gesetzlich nicht erlaubter Höhe.

2.3.2.7 Wild
Insgesamt wurden 27 Wildproben untersucht, 8 stammten von Zuchtwild und 19 von Wild aus freier Wildbahn. Getestet wurden überwiegend Wildschweine und in Ein-

Tab. 2.13 (EÜP) Anzahl der Proben untersuchter Tiere und tierischer Erzeugnisse

Rind	Schwein	Schaf	Pferd	Geflügel	Aquakulturen	Kaninchen	Wild	Milch	Eier	Honig
175	18	48	2	293	548	12	27	6	11	198

zelfällen Hirsche, Strauße und Wachteln. Es wurden 2 Proben von Zuchtwild auf verbotene Stoffe mit anaboler Wirkung und andere verbotene bzw. nicht zugelassene Stoffe getestet. Auf sonstige Tierarzneimittel wurden 5 Proben von Zuchtwild und 12 Proben von Wild aus freier Wildbahn untersucht. Bei den Umweltkontaminanten waren es 2 Proben von Zuchtwild und 19 Proben von Wild aus freier Wildbahn.

Keine der Proben enthielt Rückstände in gesetzlich nicht erlaubter Höhe.

2.3.2.8 Aquakulturen

Im Jahr 2012 wurden insgesamt 548 Proben untersucht und davon 139 auf verbotene Stoffe mit anaboler Wirkung und andere verbotene bzw. nicht zugelassene Stoffe, 80 auf antibakteriell wirksame Stoffe, 62 auf sonstige Tierarzneimittel und 360 auf Umweltkontaminanten.

Insgesamt wurden in 6 Proben (1,09 %) Rückstände in gesetzlich nicht erlaubter Höhe nachgewiesen.

Die untersuchten Tierarten sind Tabelle 2.14 zu entnehmen.

Tab. 2.14 (EÜP) Untersuchte Tierarten der Aquakultur

Tierart	Anzahl Proben
andere Fische	284
andere (Krebs-)Krustentiere	163
Lachse	42
Prawns	16
andere Mollusken	14
Shrimps	12
Muscheln	6
Forellen	4
Krabben	4
Butterfisch	1
Karpfen	1
Hummer	1

In 1 von 64 auf 3-Amino-2-oxazolidinon (AOZ) untersuchten Proben (1,56 %) wurde dieser Stoff in (Krebs-)Krustentieren aus China nachgewiesen. Der Gehalt lag bei 1,1 µg/kg.

In 5 von 189 untersuchten Proben (2,65 %) von Aquakulturen wurde Quecksilber nachgewiesen. 3 Proben von Fischen stammten aus Sri Lanka, eine von den Seychellen und eine aus Südafrika. Die Gehalte lagen bei 1,4 mg/kg, 1,54 mg/kg, 1,62 mg/kg, 1,95 mg/kg und 2,33 mg/kg.

2.3.2.9 Milch

Im Jahr 2012 wurden insgesamt sechs Proben untersucht und davon fünf auf verbotene Stoffe mit anaboler Wirkung und andere verbotene bzw. nicht zugelassene Stoffe,

eine auf antibakteriell wirksame Stoffe, eine auf sonstige Tierarzneimittel und eine auf Umweltkontaminanten.

Keine der Proben enthielt Rückstände in gesetzlich nicht erlaubter Höhe.

2.3.2.10 Hühnereier

Im Jahr 2012 wurden insgesamt 11 Proben untersucht und davon 3 auf verbotene Stoffe mit anaboler Wirkung und andere verbotene bzw. nicht zugelassene Stoffe, 9 auf sonstige Tierarzneimittel und 2 auf Umweltkontaminanten.

Keine der Proben enthielt Rückstände in gesetzlich nicht erlaubter Höhe.

2.3.2.11 Honig

Insgesamt wurden 198 Honigproben auf Rückstände geprüft, davon 58 auf verbotene Stoffe, 127 auf antibakteriell wirksame Stoffe, 69 auf sonstige Tierarzneimittel und 17 auf Umweltkontaminanten.

In 1 von 41 Honigproben (2,44 %) wurde 34,2 µg/kg Sulfathiazol, ein zur Anwendung bei Bienen verbotenes Antibiotikum, festgestellt. Die Probe wurde von Honig aus Mexiko entnommen.

2.3.3 Maßnahmen im Rahmen des EÜP

Im Jahr 2012 wurden 1.017 Untersuchungen an 233 Verdachtsproben durchgeführt. Die Proben wurden auf 83 Stoffe untersucht. Die meisten Proben wurden aufgrund folgender Sondervorschriften der Kommission[4] untersucht:

- Entscheidung 2006/27/EG über Sondervorschriften für die Einfuhr von zum Verzehr bestimmtem Fleisch und Fleischerzeugnissen von Equiden aus Mexiko (ABl. L 19 vom 24.1.2006, S. 30 – 31), in der festgelegt wurde, dass Fleisch und Fleischerzeugnisse von Equiden risikobasierten amtlichen Kontrollen unterzogen werden, insbesondere auf bestimmte Stoffe mit hormonalen Wirkungen und auf Beta-Agonisten.
- Entscheidung 2008/630/EG über Sofortmaßnahmen für die Einfuhr von zum Verzehr bestimmten Krustentieren aus Bangladesch (ABl. L 205 vom 1.8.2008, S. 49 – 50), in der festgelegt wurde, dass nur Krustentiersendungen eingeführt werden dürfen, sofern diesen die Ergebnisse einer am Herkunftsort durchgeführten analytischen Untersuchung beiliegen oder anhand von analytischen Untersuchungen im Importland insbesondere geprüft wurde ob Chloramphenicol, Tetracyclin, Oxytetracyclin, Chlortetracyclin, Nitrofu-

---

[4] Die an dieser Stelle aufgelisteten Rechtsgrundlagen werden im Literaturverzeichnis nicht aufgeführt.

ranmetaboliten oder Malachitgrün bzw. Kristallviolett oder ihre jeweiligen Leuko-Metaboliten vorhanden sind.

- Durchführungsbeschluss 2012/690/EU der Kommission vom 6.11.2012 zur Änderung des Beschlusses 2010/381/EU über Sofortmaßnahmen für aus Indien eingeführte Sendungen mit zum menschlichen Verkehr bestimmten Aquakulturerzeugnissen und zur Aufhebung des Beschlusses 2010/220/EU über Sofortmaßnahmen für aus Indonesien eingeführte Sendungen mit zum menschlichen Verzehr bestimmten Zuchtfischereierzeugnissen (ABl. L 308 vom 8.11.2012, S. 21 – 22) in dem festgelegt wurde, dass mithilfe geeigneter Probenahmepläne sichergestellt wird, dass bei mindestens 10 % der Sendungen, die an den Grenzkontrollstellen auf ihrem Hoheitsgebiet zur Einfuhr gestellt werden, amtliche Proben entnommen werden.

Die im Einzelnen durchgeführten Untersuchungen sind in den folgenden Abschnitten dargestellt.

2.3.3.1 Rinder

Insgesamt wurden 11 Proben entnommen. 10 Rindfleischerzeugnisproben aus Brasilien wurden auf Anthelminthika getestet. Anthelminthika sind Mittel gegen Wurminfektionen. 2 Proben wurden auf das verbotene Chloramphenicol und auf Florfenicol untersucht. Für Florfenicol ist ein zulässiger Höchstgehalt festgelegt. Außerdem wurde eine Probe aus Uruguay auf die verbotenen hormonell wirksamen Gestagene untersucht.

Keine der Proben enthielt Rückstände in gesetzlich nicht erlaubter Höhe.

2.3.3.2 Schweine

Insgesamt 68 Proben von Schweinedärmen aus China wurden auf den verbotenen antibakteriell wirksamen Stoff Chloramphenicol untersucht.

In keiner Probe wurde der Stoff nachgewiesen.

2.3.3.3 Schafe

Insgesamt wurden 13 Proben von Schafdärmen entnommen. 3 Proben aus China wurden auf Chloramphenicol untersucht. Die restlichen 10 Proben wurden auf die Nitrofuranmetaboliten 3-Amino-2-oxazolidinon (AOZ), 5-Methylmorpholino-3-amino-2-oxazolidinon (AMOZ), 1-Aminohydantoin (AHD) und Semicarbazid (SEM) getestet. In der Probe einer Sendung von Därmen aus China wurde 3-Amino-2-oxazolidinon (AOZ) in einer Konzentration von 0,9 µg/kg nachgewiesen.

2.3.3.4 Geflügel

43 Masthähnchenfleischproben aus Brasilien, Chile und Thailand wurden auf Nitrofurane (1 Probe), auf antibakteriell wirksame Stoffe (2 Proben), Kokzidiostatika (21 Proben) und auf Schwermetalle (15 Proben) getestet. In 15 Proben (71,43 %) wurde Meticlorpindol in der Leber (6 Proben) bzw. in der Muskulatur (9 Proben) nachgewiesen. Die Gehalte lagen zwischen 7 µg/kg und 833 µg/kg (Mittelwert 90,9 µg/kg, Median 27,1 µg/kg). Weitere 15 Proben von Enten wurden auf Quecksilber untersucht. In einer Probe von Enten (6,67 %) wurde in der Muskulatur Quecksilber mit einem Gehalt von 0,023 mg/kg ermittelt.

2.3.3.5 Aquakulturen

Von Erzeugnissen der Aquakultur wurden insgesamt 79 Proben entnommen.

Verbotene Stoffe

Insgesamt 29 entnommene Proben verteilen sich wie folgt: Von Sendungen von Krebs- und Krustentieren aus Vietnam wurden 5 Proben, aus China 1 Probe, aus Indien 10 Proben und aus Indonesien 7 Proben entnommen. Von Sendungen von Fischen aus Peru wurden 1 Probe und aus Indonesien 5 Proben entnommen.

Die Proben wurden auf Chloramphenicol und die Nitrofuranmetaboliten 3-Amino-2-oxazolidinon (AOZ), 5-Methylmorpholino-3-amino-2-oxazolidinon (AMOZ), 1-Aminohydantoin (AHD) und Semicarbazid (SEM) getestet.

In der Probe einer Sendung mit Krebs- und Krustentieren aus Indien wurde 3-Amino-2-oxazolidinon (AOZ) in einer Konzentration 7,2 µg/kg nachgewiesen.

Antibakteriell wirksame Stoffe

9 Proben von Sendungen von Krebs- und Krustentieren aus Indien sowie 7 Proben von Krebs- und Krustentieren und 5 Proben von Fischen aus Indonesien wurden auf Sulfonamide, Tetracycline und Trimethoprim untersucht. Das Ergebnis war negativ.

Sonstige Tierarzneimittel

Die Probe einer Sendung aus Bangladesch wurde auf die Anthelminthika Ivermectin, Abamectin, Doramectin, Eprinomectin und Moxidectin getestet. Das Ergebnis war negativ.

Umweltkontaminanten

Insgesamt wurden 43 Proben auf die Schwermetalle Blei, Cadmium und Quecksilber, 5 Proben auf die Farbstoffe Malachitgrün, Brillantgrün und Kristallviolett und eine Probe auf Trifluralin untersucht. Tabelle 2.15 gibt die Anzahl an Proben bezogen auf die Herkunft und die Probenart an.

Tab. 2.15 (**EÜP**) Untersuchungen auf Umweltkontaminanten und andere Stoffe

Herkunft	Tierart	Anzahl Proben
China, einschl. Tibet	andere Fische	3
	andere Mollusken	1
	Lachse	1
	Shrimps	1
Indien	andere (Krebs-)Krustentiere	1
Senegal	andere (Krebs-)Krustentiere	1
Seychellen	andere Fische	3
Sri Lanka	andere Fische	20
Südafrika	andere Fische	3
Vietnam	andere Fische	9
	andere Mollusken	2
	Butterfisch	3
	Shrimps	1

Keine der Proben enthielt Rückstände in gesetzlich nicht erlaubter Höhe.

2.3.3.6   Kaninchen

3 Kaninchenproben von Sendungen aus China wurden auf Chloramphenicol getestet. Das Ergebnis war negativ.

2.3.3.7   Wild

Eine Probe von einer Sendung aus Australien wurde auf die Schwermetalle Blei, Cadmium und Quecksilber untersucht. Das Ergebnis war negativ.

2.3.4   Meldepflicht nach Verordnung (EG) Nr. 136/2004

Nach Anhang II Nummer 4 der Verordnung (EG) Nr. 136/2004 sind die Mitgliedstaaten verpflichtet, der Kommission monatlich die positiven und negativen Ergebnisse der Laboruntersuchungen, die an ihren Grenzkontrollstellen durchgeführt wurden, mitzuteilen. Insgesamt wurden 2.053 Proben an 1.685 Sendungen beprobt. Zum Teil kann es Überschneidungen zu den vorher bereits beschriebenen Ergebnissen geben, die derzeit aufgrund von unterschiedlichen Meldeformaten nicht verhindert werden können. Die Proben wurden im Rahmen des Probenplans, aufgrund von Schutzklauselentscheidungen (s. o.), vorangegangener Schnellwarnmeldungen oder sonstiger Verdachtsmeldungen entnommen.

Bei 61 Proben (2,97 %) kam es zu Beanstandungen durch die Länder bzw. zur Überschreitung von gesetzlich festgelegten Höchstgehalten (zusammen im Weiteren als

Tab. 2.16 (**EÜP**) Untersuchungen zur Meldepflicht nach Verordnung (EG) Nr. 136/2004

Untersuchungsparameter	Anzahl		in %
	Untersuchungen	Positive	
Arzneimittel	903	17	1,9
Bakterien	373	30	8,0
Bestrahlung	4	0	0
GVO	16	0	0
Histamin	140	3	2,1
Hormone	99	0	0
Insektizide	88	0	0
Melamin	13	0	0
Pestizide	124	0	0
Phosphate	5	0	0
Radioaktivität	21	0	0
Schwermetalle	222	9	4,1
Sonstiges	19	0	0
Tierartbestimmung	32	2	6,3

„Positive" bezeichnet). Dies sind ähnlich viele Positive wie im Vorjahr, in dem 3,00 % der Proben positiv waren. Die Positiven verteilen sich auf die untersuchten Parameter wie aus Tabelle 2.16 ersichtlich. Dargestellt ist außerdem der prozentuale Anteil an der Gesamtuntersuchungszahl je Untersuchungsparameter. Da eine Probe auf verschiedene Untersuchungsparameter untersucht werden kann, ist die Summe der Untersuchungen höher als die Gesamtzahl der Proben.

2.4   Bewertungsbericht des Bundesinstituts für Risikobewertung zu den Ergebnissen des NRKP und EÜP 2012

2.4.1   Gegenstand der Bewertung

Das Bundesinstitut für Risikobewertung (BfR) hat die Ergebnisse des Nationalen Rückstandskontrollplanes (NRKP) 2012 und des Einfuhrüberwachungsplanes (EÜP) 2012 aus Sicht des gesundheitlichen Verbraucherschutzes bewertet.

2.4.2   Ergebnis

Aufgrund der vorgelegten Ergebnisse des NRKP 2012 und des EÜP 2012 besteht bei einmaligem oder gelegentlichem Verzehr von Lebensmitteln tierischer Herkunft mit den berichteten Rückständen kein unmittelbares gesundheitliches Risiko für den Verbraucher.

Tab. 2.17 (**BfR**) Positive Rückstandsbefunde des NRKP 2012 aufgeteilt nach Stoffgruppen

Stoffgruppe A nach Richtlinie 96/23/EG	Substanzgruppe	Substanzklasse (Stoff)	Anzahl positiver Befunde in Tieren oder tierischen Erzeugnissen
Stoffe mit anaboler Wirkung und nicht zugelassene Stoffe	A4: Resorcylsäure-Lactone (einschließlich Zeranol)	Zeranol	3
		Taleranol	1
	A6: Stoffe der Tabelle 2 des Anhangs der Verordnung (EU) Nr. 37/2010	Nitroimidazole	3

Stoffgruppe B nach Richtlinie 96/23/EG	Substanzgruppe	Substanzklasse (Stoff)	Anzahl positiver Befunde in Tieren oder tierischen Erzeugnissen
Tierarzneimittel und Kontaminanten	B1: Stoffe mit antibakterieller Wirkung, ohne Hemmstofftests	Aminoglycoside	3
		Penicilline	5
		Chinolone	3
		Diaminopyrimidine	1
		Sulfonamide	3
		Tetracycline	4
	B2: sonstige Tierarzneimittel	Antihelmintika	4
		Kokzidiostatika	1
		Sedativa	2
		NSAIDs	2
		sonstige Ektoparasitika	1
		synthetische Kortikosteroide	8
		sonstige Stoffe	2
	B3: andere Stoffe und Kontaminanten	organische Chlorverbindungen, einschließlich PCB	5
		chemische Elemente	292
		Farbstoffe	5
		sonstige Stoffe	2

2.4.3 Begründung

2.4.3.1 Einführung

Der Nationale Rückstandskontrollplan (NRKP) ist ein Programm zur Überwachung von Lebensmitteln tierischer Herkunft in verschiedenen Produktionsstufen auf Rückstände von unerwünschten Stoffen. Auf Grundlage des Einfuhrüberwachungsplanes (EÜP) werden tierische Erzeugnisse aus Drittländern auf Rückstände von unerwünschten Stoffen kontrolliert.

Ziel des NRKP ist es, die illegale Anwendung verbotener oder nicht zugelassener Substanzen aufzudecken, die Einhaltung der festgelegten Höchstmengen für Tierarzneimittelrückstände zu überprüfen sowie die Ursachen von Rückstandsbelastungen aufzuklären. Ebenso werden die Lebensmittel tierischen Ursprungs auf eine Belastung mit Umweltkontaminanten untersucht.

Die zuständigen Behörden der Bundesländer haben im Rahmen des NRKP 2012 bei der Untersuchung von insgesamt 58.998 Proben von Tieren oder tierischen Erzeugnissen über 350 Fälle in 269 Proben berichtet, in denen unerwünschte Stoffe in Lebensmitteln tierischen Ursprungs gefunden wurden (Tab. 2.17).

Bei der Einfuhr von Lebensmitteln aus Drittländern wurden bei der Untersuchung von insgesamt 1.338 Proben von Tieren oder tierischen Erzeugnissen über 8 Fälle in 8 Proben berichtet, in denen Rückstände und Kontaminanten die festgelegten Höchstmengen überschritten oder die Proben nicht zugelassene Stoffe enthielten (Tab. 2.18).

Eine detaillierte Beschreibung der Substanzen, die Zahl der Proben, die Art der Probenahmen und die untersuchten Tierarten sind den Berichten des Bundesamtes für Verbraucherschutz und Lebensmittelsicherheit (BVL) „Jahresbericht 2012 zum Nationalen Rückstandskontrollplan" und „Jahresbericht 2012 zum Einfuhrüberwachungsplan (EÜP)" unter http://www.bvl.bund.de/nrkp zu entnehmen.

Tab. 2.18   (BfR) Positive Rückstandsbefunde des EÜP 2012 aufgeteilt nach Stoffgruppen

Stoffgruppe B nach Richtlinie 96/23/EG	Substanzgruppe	Substanzklasse (Stoff)	Anzahl positiver Befunde in Tieren oder tierischen Erzeugnissen
Tierarzneimittel und Kontaminanten	A6: Stoffe der Tabelle 2 des Anhangs der Verordnung (EU) Nr. 37/2010	Nitrofurane	1
	B1: Stoffe mit antibakterieller Wirkung, ohne Hemmstofftests	Sulfonamide	1
	B3: andere Stoffe und Kontaminanten	chemische Elemente	6

2.4.3.2   Allgemeine Bewertung

Im Vergleich zum Vorjahr 2011, in dem im Rahmen des NRKP in 410 Fällen (0,73 %)

Rückstände und Kontaminanten nachgewiesen wurden, ist im Jahr 2012 die Anzahl der Proben mit Gehalten oberhalb von Höchstmengen bzw. nicht eingehaltener Nulltoleranz mit 350 Fällen deutlich (0,59 %) geringer. Insgesamt befindet sich die Gesamtzahl positiver Befunde weiterhin auf einem niedrigen Niveau.

Grundsätzlich sollte die Belastung von Tieren und tierischen Erzeugnissen mit Rückständen und Kontaminanten so weit wie möglich minimiert werden. Insofern sind unnötige und vermeidbare zusätzliche Belastungen, insbesondere durch nicht zulässige Überschreitungen der gesetzlich festgelegten Höchstmengen oder der Nulltoleranz generell nicht zu akzeptieren. Ware, die verbotene Stoffe enthält bzw. Höchstmengen überschreitet, ist aus lebensmittelrechtlicher Sicht nicht verkehrsfähig.

2.4.3.3   Verwendete Verzehrsdaten

Die Auswertungen zum Verzehr von Lebensmitteln beruhen auf Daten der „Dietary History"-Interviews der Nationalen Verzehrstudie II (NVS II), die mit Hilfe des Programms „DISHES 05" erhoben wurden (Max-Rubner-Institut – MRI, 2008). Die NVS II ist die zurzeit aktuellste repräsentative Studie zum Verzehr der erwachsenen deutschen Bevölkerung. Die vom Max Rubner-Institut (MRI) durchgeführte Studie, bei der insgesamt etwa 20.000 Personen im Alter zwischen 14 und 80 Jahren mittels drei verschiedener Erhebungsmethoden (Dietary History, 24h-Recall und Wiegeprotokoll) befragt wurden, fand zwischen 2005 und 2006 in ganz Deutschland statt.

Mit der „Dietary History"-Methode wurden 15.371 Personen befragt und retrospektiv ihr üblicher Verzehr der letzten vier Wochen (ausgehend vom Befragungszeitpunkt) erfasst. Sie liefert gute Schätzungen für die langfristige Aufnahme von unerwünschten Stoffen (Rückstände/Kontaminanten), wenn Lebensmittel in allgemeinen Kategorien zusammengefasst werden oder Lebensmittel betrachtet werden, die einem regelmäßigen Verzehr unterliegen.

Die Verzehrsdatenauswertungen wurden im Rahmen des vom Bundesministeriums für Umwelt, Naturschutz und Reaktorsicherheit (BMU) finanzierten Projektes „LExUKon", Aufnahme von Umweltkontaminanten über Lebensmittel (Blume et al., 2010) am BfR durchgeführt. Dabei wurden für die Berechnung der Verzehrsmengen Rezepte/Gerichte und nahezu alle zusammengesetzten Lebensmittel in ihre unverarbeiteten Einzelbestandteile aufgeschlüsselt und gegebenenfalls Verarbeitungsfaktoren berücksichtigt. Somit sind alle relevanten Verzehrsmengen eingeflossen. Die Rezepte sind größtenteils mit Standardrezepturen hinterlegt und berücksichtigen somit keine Variation in der Zubereitung/Herstellung und den daraus folgenden Verzehrsmengen.

Liegen keine Verzehrsangaben durch Verzehrsstudien vor, werden Portionsgrößen auf Grundlage des Bundeslebensmittelschlüssels (BLS) angenommen. Der BLS ist eine Datenbank für den Nährstoffgehalt von Lebensmitteln. Er wurde als Standardinstrument zur Auswertung von ernährungsepidemiologischen Studien und Verzehrserhebungen in der Bundesrepublik Deutschland entwickelt.

Weiterhin wird auf Daten zur Verzehrshäufigkeit selten verzehrter Lebensmittel zurückgegriffen, die in einer repräsentativen Bevölkerungsumfrage des Marktforschungsinstituts Ipsos Operations GmbH im Auftrag des BfR durchgeführt wurde. An der telefonischen Befragung nahmen 1.005 repräsentativ ausgewählte Befragte ab 14 Jahren teil. Die Befragung wurde zwischen dem 21.09.2011 und dem 27.09.2011 durchgeführt.

Es ist zu beachten, dass einige Lebensmittel (Niere von Schwein, Rind, Kalb und Lamm, Leber von Huhn und Geflügel sowie Fleisch von Wildschwein, Pferd, Kaninchen und Muscheln) von nur sehr wenigen Befragten verzehrt wurden. Selten verzehrte Lebensmittel lassen sich mit der Dietary-History-Methode nur schwer und oft unvollständig erfassen, da diese den üblichen Verzehr der Befragten widerspiegelt. Somit kann es bei Betrachtung der Verzehrsmengen bezogen auf die Gesamtstichprobe (alle Befragte) zu Unterschätzungen kommen. Deshalb wurde z. B. der Verzehr von Leber und Niere der verschiedenen Tierarten (Schwein, Rind, Lamm, Huhn) nicht einzeln ausgewertet, sondern stattdessen die jeweiligen Obergruppen (Leber bzw. Niere von Säugern, Leber von Geflügel) betrachtet.

Trotz der Nutzung der Obergruppen ist der Verzehranteil für Niere von Säugern und Leber von Geflügel sehr gering, sodass die entsprechenden Werte mit Unsicherheiten behaftet sind. Deshalb wurden für diese Lebensmittelgruppen sowie für Fleisch von Wildschwein, Pferd, Kaninchen und Muscheln zusätzlich die Verzehrsmengen der Verzehrer berechnet, die jedoch nicht dem Durchschnittsverzehr der Gesamtbevölkerung entsprechen.

Für einige Lebensmittel (z. B. Innereinen von Pferd und Wild) konnte keine Auswertung vorgenommen werden, da sie nach DISHES in der NVS II-Studie nicht verzehrt wurden. Um Verzehrsmengen dieser selten verzehrten Lebensmittel anzugeben, werden Verzehrsannahmen getroffen. Es ist davon auszugehen, dass die tatsächlichen Verzehrsmengen geringer sind als die auf Basis der Annahmen getroffenen Schätzungen.

Bei der telefonischen Befragung zu selten verzehrten Lebensmitteln gaben 49,7 % an, in den letzten 12 Monaten keine Leber oder Niere vom Wildschwein, Reh oder Hirsch verzehrt zu haben. Weitere 43,4 % gaben an, noch nie diese Lebensmittel verzehrt zu haben. 5,3 % der Befragten verzehrten 1- bis 5-mal pro Jahr diese Lebensmittel. Laut BLS entspricht eine Portionsgröße verschiedener Tierlebern 125 g, sodass unter Annahme dieser Portionsgröße und einem maximalen Verzehr von 5-mal pro Jahr sich bei einer Person mit 70 kg Körpergewicht eine mittlere Verzehrsmenge über ein Jahr von 0,024 g/kg Körpergewicht und Tag ergibt. Diese Annahmen werden jeweils für Leber von Wildschwein sowie Niere von Wildschwein, Rot- und Damwild getroffen.

Für den Verzehr von Leber und Niere von Pferd werden jeweils vergleichbare Annahmen zugrunde gelegt wie bei Leber und Niere von Wildschwein, Reh und Hirsch. Laut BLS entspricht eine Portionsgröße verschiedener Tierlebern 125 g, sodass unter Annahme dieser Portionsgröße und einem maximalen Verzehr von 5-mal pro Jahr bei einer Person mit 70 kg Körpergewicht eine mittlere Verzehrsmenge über ein Jahr von 0,024 g/kg Körpergewicht und Tag angenommen wird.

Die Abschätzung der Exposition von Verbrauchern für die Wirkstoffe Nikotin, Hexachlorbenzol (HCB) und N,N-Dimethyl-m-toluolamid (DEET) und der damit verbundenen potenziellen gesundheitlichen Risiken wurde auf Basis der gemessenen Rückstände und der Verzehrsdaten verschiedener europäischer Konsumentengruppen mit der Version 2 des EFSA-Modell PRIMo (EFSA, 2008) durchgeführt. Es enthält die von den EU-Mitgliedstaaten gemeldeten Verzehrsdaten, die in Verzehrsstudien ermittelt wurden. Parallel dazu wurde eine Berechnung der Aufnahme der Rückstände auf Basis des NVS II-Modells des BfR (BfR, 2012) durchgeführt Dieses Modell beinhaltet Verzehrsdaten für 2- bis 4-jährige deutsche Kinder (ehemaliges VELS-Modell) sowie für die deutsche Gesamtbevölkerung im Alter von 14 bis 80 Jahren.

Die Abschätzung potenzieller chronischer Risiken für Verbraucher stellt eine deutliche Überschätzung dar, da vereinfachend angenommen wurde, dass das jeweilige Erzeugnis immer mit der berichteten Rückstandskonzentration belastet war und die beprobten Matrizes zudem nur einen sehr geringen Teil des Ernährungsspektrums abdecken. Ohne weitere Informationen zur „Hintergrundbelastung" aus anderen Lebensmitteln lässt sich für die zu bewertenden Stoffe die chronische Gesamtexposition nicht realistisch abschätzen.

2.4.3.4 Bewertung der einzelnen Stoffe

Gruppe A: Stoffe mit anaboler Wirkung und nicht zugelassene Stoffe

Im Jahr 2012 wurden im Rahmen des NRKP insgesamt 31.051 Proben von Tieren oder tierischen Erzeugnissen auf Rückstände der Gruppe A (verbotene Stoffe mit anaboler Wirkung und nicht zugelassene Stoffe) untersucht, davon wurden 6 Proben (0,02 %) positiv getestet.

Im Rahmen des EÜP wurden im Jahr 2012 insgesamt 473 Proben von Tieren oder tierischen Erzeugnissen auf Rückstände der Gruppe A untersucht, dabei wurde eine Probe (0,21 %) positiv getestet.

Resorcylsäure-Lactone einschließlich Zeranol (Gruppe A4)
Das zur Gruppe der Resorcylsäure-Lactone gehörende **Taleranol** (Beta-Zearalanol) wurde im Urin eines von 302 getesteten Mastrindern in Höhe von 1,1 µg/kg gefunden. In diesem Tier wurden auch Rückstände von **Zeranol** (Alpha-Zearalanol) in Höhe von 1,2 µg/kg nachgewiesen. Zeranol (Alpha-Zearalanol) im Urin wurde außerdem bei einem weiteren Mastrind mit 1,1 µg/kg und im Urin in 1 von 9 untersuchten Pferden mit 3,2 µg/kg gefunden. Taleranol ist ein Epimer des Zeranols, dessen Verwendung als Masthilfsmittel verboten ist. Nachweise von Zeranol und Taleranol im Urin können auch natürliche Ursachen haben. Beide Substanzen werden durch Schimmelpilze der Gattung Fusarium oder durch die Umwandlung der Mykotoxine Zearalenon sowie Alpha- und Beta-Zearalenol gebildet. Eine Unterscheidung zwischen endogenen Gehalten und Gehalten, die auf eine illegale Anwendung zurückzuführen sind, ist schwierig.

Ein mögliches Vorkommen in tierischen Produkten ist zwar nicht auszuschließen, eine direkte Gefährdung der Verbraucher – bedingt durch die Matrix und die geringe Konzentration – ist jedoch unwahrscheinlich.

Stoffe aus der Tabelle 2 des Anhangs der Verordnung (EU) Nr. 37/2010 (Gruppe A6)

Im Rahmen der Untersuchungen gemäß EÜP 2012 wurde der Nitrofuran-Metabolit **3-Amino-2-oxazolidinon** in Importproben detektiert. Aus Aquakulturen wurden 68 Proben auf diesen Wirkstoff untersucht. In der Muskulatur einer Probe von Krebs- und Krustentieren wurde ein Gehalt dieses Stoffes von 1,1 µg/kg gemessen. Diese Konzentration liegt geringfügig über der Mindestleistungsgrenze (Minimum Required Performance Limit – MRPL) der Analysenmethode zur Bestimmung von Nitrofuranmetaboliten von 1 µg/kg, die gemäß der Entscheidung 2005/34/EG für Importproben als Referenzwert für Maßnahmen genutzt wird.

Der zur Gruppe der Nitroimidazole gehörige Wirkstoff **Metronidazol** wurde mit Konzentrationen von 0,52 µg/kg in der Muskulatur und von 0,3 µg/kg im Plasma jeweils eines Mastschweins gefunden. Insgesamt wurden im Rahmen des NRKP 7.821 Proben auf Metronidazol untersucht, davon 4.497 Proben von Schweinen. Zusätzlich konnte im Plasma eines Mastrindes Metronidazol in Höhe von 0,61 µg/kg nachgewiesen werden. Im NRKP wurden 404 Mastrinder auf Metronidazol getestet. Die Aufklärung der Rückstandsursache ergab, dass Metronidazol durch eine mögliche Verschleppung der Probennehmer in die untersuchten Matrizes gelangte.

Aufgrund des Verdachts der Genotoxizität und Kanzerogenität wurde Metronidazol in die Tabelle 2 des Anhangs der Verordnung (EU) Nr. 37/2010 aufgenommen. Der Einsatz bei Tieren, die der Lebensmittelgewinnung dienen, ist somit verboten. Die verfügbaren Daten zu den Konzentrationen an Metronidazol im Plasma lassen keine Rückschlüsse auf Gehalte in tierischen Lebensmitteln zu.

Zusammenfassende Bewertung der Ergebnisse für die Stoffe der Gruppe A

Die gesundheitliche Beeinträchtigung der Verbraucher durch die im Rahmen des NRKP und des EÜP 2012 gemessenen Rückstände von Stoffen mit anaboler Wirkung und nicht zugelassenen Stoffen wird als sehr geringfügig bewertet.

Gruppe B 1: Antibakteriell wirksame Stoffe (Nachweise ohne Hemmstofftests)

Im Jahr 2012 wurden im Rahmen des NRKP insgesamt 17.578 Proben auf Rückstände der Gruppe B 1 (antibakteriell wirksame Stoffe) untersucht, davon wurden 15 (0,09 %) positiv getestet.

Im Rahmen des EÜP wurden im Jahr 2012 insgesamt 299 Proben von Tieren oder tierischen Erzeugnissen auf antibakteriell wirksame Stoffe untersucht, eine (0,33 %) der Proben wies einen positiven Befund auf.

Bei 1 von 925 auf Aminoglycoside untersuchten Schweinen wurde in einer Niere eine Höchstmengenüberschreitung für den Wirkstoff **Dihydrostreptomycin** festgestellt (81.601 µg/kg). Die zulässige Höchstmenge in der Niere von Schweinen beträgt 1.000 µg/kg (Verordnung (EU) Nr. 37/2010). Ein ADI-Wert[5] für Dihydrostreptomycin von 25 µg/kg Körpergewicht und Tag wurde abgeleitet (EMEA, 2006a).

Der Verzehr von Niere (Schwein, Rind, Kalb, Schaf/Lamm) betrug nach den Daten der NVS II für das 95. Perzentil aller Verzehrer für die Langzeitaufnahme 0,078 g Niere/kg Körpergewicht und Tag. Unter der Annahme, dass alle verzehrten „Nieren" einen Dihydrostreptomycinrückstand in Höhe von 81.601 µg/kg aufweisen, würde ein Vielverzehrer ca. 6,4 µg Di-hydrostreptomycin/kg Körpergewicht und Tag aufnehmen. Dies entspricht einem Anteil von ca. 25 % des ADI-Wertes von 25 µg/kg Körpergewicht und Tag.

In Anbetracht dieses Einzelbefundes ist hinsichtlich der chronischen Belastung nicht von einem Risiko für den Verbraucher durch Rückstände von Dihydrostreptomycin auszugehen.

Bei insgesamt 145 auf **Gentamicin** beprobten Kühen wurde in der Niere einer Kuh eine Höchstmengenüberschreitung für den zur Gruppe der Aminoglykoside gehörenden Stoff festgestellt (1.327 µg/kg). Ein zweiter Befund in der Niere eines Mastrindes betrug 8.701 µg/kg. Es wurden 307 Mastrinder untersucht. Die zulässige Höchstmenge in der Niere von Rindern beträgt 750 µg/kg (Verordnung (EU) Nr. 37/2010).

Der konservative, mikrobiologische ADI-Wert[6] für Gentamicin beträgt 4 µg/kg Körpergewicht und Tag bzw. 240 µg/Person und Tag (EMEA, 2001). Ein Vielverzehrer würde bei einer Aufnahme von 0,078 g Niere/kg Körpergewicht des beprobten Mastrindes 40,7 µg Gentamicin pro Tag aufnehmen. Dies entspricht einer ADI Ausschöpfung von 17 %.

Die Ursache dieser Höchstmengenüberschreitungen beruht wahrscheinlich auf der Nichteinhaltung von Wartezeiten bis zur Schlachtung in den entsprechenden Betrieben. Ein Risiko für den Konsumenten beim Verzehr dieser mit Gentamicin belasteten Lebensmittel ist unwahrscheinlich.

Bei 1 von 1.132 auf Penicilline untersuchten Schweinen wurde in der Niere und auch in der Muskulatur

---

[5] Entsprechend Eudralex Volume 8 (2005) wird der ADI-Wert [µg/kg Körpergewicht] in Europa auf ein durchschnittliches Körpergewicht von 60 kg bezogen.

[6] In Anlehnung an die Vorgehensweise des CVMP (Committee for Veterinary Medicinal Products) der EMA (European Medicines Agency) wird der mikrobiologische ADI-Wert für Berechnungen herangezogen, wenn dieser kleiner als der toxikologische oder pharmakologische ADI-Wert ist.

eine Höchstmengen-Überschreitung von **Benzylpenicillin/Penicillin G** von 3.293 µg/kg und 88 µg/kg (Verordnung (EU) Nr. 37/2010)) festgestellt. In der Muskulatur von 1 aus 85 beprobten Kühen wurde die zulässige Höchstmenge mit 1.098 µg/kg überschritten. Bei einer Milchprobe aus 404 Milchproben betrug der Benzylpenicillingehalt 10,9 µg/kg. Auch in der Muskulatur eines aus 331 auf diese Substanz beprobten Mastrindern wurden 115 µg/kg Benzylpenicillin detektiert. Für Niere und Muskulatur sind Rückstandshöchstgehalte von 50 µg/kg und für Milch von 4 µg/kg von allen zur Lebensmittelerzeugung genutzten Arten festgelegt (Verordnung (EU) Nr. 37/2010).

Für Benzylpenicillin wurde ein ADI-Wert von 0,03 mg/Person und Tag (FAO JECFA Mono-graphs 12, 2011) abgeleitet, das entspricht bei einem Körpergewicht von 60 kg 0,5 µg/kg Körpergewicht und Tag.

Für den Verzehr von Schweineniere betrug nach den Daten der NVS II das 95. Perzentil aller Verzehrer für die Langzeitaufnahme 0,078 g Niere/kg Körpergewicht und Tag. Somit würde ein Vielverzehrer bei einem Höchstgehalt von 3.293 µg/kg in der Niere eines Mastschweins ca. 0,26 µg Benzylpenicillin/kg Körpergewicht und Tag aufnehmen. Dies entspricht einem Anteil von ca. 51,4 % des ADI-Wertes.

Für den Verzehr von Schweinemuskulatur nimmt ein Vielverzehrer nach den Daten der NVS II (95. Perzentil aller Verzehrer) für die Langzeitaufnahme 1,629 g Muskulatur/kg Körpergewicht und Tag auf. Somit würde ein Vielverzehrer 0,143 µg Benzylpenicillin/kg Körpergewicht und Tag aufnehmen. Dies entspricht einem Anteil von ca. 28,7 % des ADI-Wertes.

Für den Verzehr von Muskulatur von Kühen betrug nach den Daten der NVS II das 95. Perzentil aller Befragten für die Langzeitaufnahme 0,767 g Muskulatur/kg Körpergewicht und Tag. Somit würde ein Vielverzehrer bei einem detektierten Höchstgehalt von 1.098 µg/kg in der Muskulatur einer Kuh ca. 0,84 µg Benzylpenicillin/kg Körpergewicht und Tag aufnehmen. Dies entspricht 168 % des ADI-Wertes.

Für den Verzehr von Milch wird nach den Daten der NVS II das 95. Perzentil aller Befragten für die Langzeitaufnahme von 9,355 g/kg Körpergewicht und Tag angenommen. Somit würde ein Vielverzehrer mit dieser belasteten Milch ca. 0,102 µg Benzylpenicillin/kg Körpergewicht und Tag aufnehmen. Dies entspricht 20,4 % des ADI-Wertes.

Berücksichtigt man, dass für die Abschätzung der Exposition des Verbrauchers ein chronischer Verzehr von Lebensmitteln, die mit der jeweils höchsten, hier gemessenen Konzentration belastet sind, angenommen wurde, ist ein gesundheitliches Risiko für den Konsumenten beim Verzehr dieser mit Benzylpenicillin belasteten Lebensmittel unwahrscheinlich.

3.667 Schweine wurden auf Rückstände des Wirkstoffes **Enrofloxacin** untersucht. Insgesamt wurden 3 Befunde ermittelt. In Muskulatur und Niere eines Tieres wurden Konzentrationen von 162 µg/kg bzw. 672 µg/kg gemessenen. Für die belasteten Proben wurde zusätzlich auch die **Summe von Enrofloxacin und Ciprofloxacin** mit 162 µg/kg bzw. 726 µg/kg detektiert.

In einem anderen Schwein wurden im Muskel 282 µg/kg Enrofloxacin bzw. 287 µg/kg als Summe aus Enrofloxacin und Ciprofloxacin gemessen.

Die zulässigen Rückstandshöchstmengen für Enrofloxacin liegen bei 300 µg/kg für Niere bzw. 100 µg/kg für Muskelfleisch von Schweinen (Verordnung (EU) Nr. 37/2010).

Für den Verzehr von Schweinefleisch betrug nach den Daten der NVS II das 95. Perzentil aller Befragten für die Langzeitaufnahme 1,629 g Schweinefleisch/kg Körpergewicht und Tag. Verzehrt ein Vielverzehrer (95. Perzentil der Gesamtbevölkerung) 287 µg/kg Enrofloxacin (gemessen als Summe Enrofloxacin und Ciprofloxacin), so würden ca. 0,47 µg/kg Enrofloxacin pro Körpergewicht und Tag aufgenommen. Der mikrobiologische ADI wurde auf 372 µg Enrofloxacin/Person und Tag (EMEA, 2002a) bzw. 6,2 µg/kg Körpergewicht und Tag festgelegt. Dies entspricht einem Anteil von ca. 7,5 % des ADI-Wertes.

Für den Verzehr von Schweineniere betrug nach den Daten der NVS II das 95. Perzentil aller Verzehrer für die Langzeitaufnahme 0,078 g Niere/kg Körpergewicht und Tag. Somit würde ein Vielverzehrer bei der Aufnahme von (726 µg/kg) belasteter Niere ca. 0,05 µg Enrofloxacin/kg Körpergewicht und Tag aufnehmen. Diese entspricht einem Anteil von ca. 0,9 % des ADI-Wertes. Ein Risiko für den Konsumenten beim Verzehr dieser mit Enrofloxacin belasteten Lebens-mittel ist unwahrscheinlich.

Der zur Gruppe der Diaminopyrimidine gehörende Wirkstoff **Trimethoprim** wurde bei der Untersuchung von insgesamt 1.793 Schweinen bei einem Tier in der Muskulatur detektiert. Die gemessen Konzentrationen von 2.247 µg/kg in der Muskulatur überschritt die zulässige Höchstmenge von 50 µg/kg für Muskel (Verordnung (EU) Nr. 37/2010). Der mikrobiologische ADI-Wert für Trimethoprim beträgt 252 µg/Person und Tag (EMEA, 2002b), das entspricht bei einem Personen-Gewicht von 60 kg 4,2 µg/kg Körpergewicht und Tag.

Für den Verzehr von Schweinefleisch betrug nach den Daten der NVS II das 95. Perzentil aller Befragten für die Langzeitaufnahme 1,629 g Schweinefleisch/kg Körpergewicht und Tag. Somit würde ein Vielverzehrer (95. Perzentil der Gesamtbevölkerung) ca. 3,7 µg Trimethoprim/kg

Körpergewicht und Tag aufnehmen. Dies entspricht einer Ausschöpfung des mikrobiologischen ADI von ca. 87,2 %.

Berücksichtigt man, dass für die Abschätzung der Exposition des Verbrauchers ein chronischer Verzehr von Lebensmitteln angenommen wurde, ist eine gesundheitliche Beeinträchtigung des Konsumenten beim Verzehr dieser mit Trimethoprim belasteten Einzelprobe als sehr geringfügig einzuschätzen.

4.969 Tierproben wurden im Rahmen des NRKP 2012 auf Rückstände von **Sulfonamiden** untersucht. Die für alle zur Lebensmittelerzeugung genutzten Arten gültigen Höchstmengen für die Summe aller Sulfonamide liegen für Muskelfleisch bei 100 µg/kg (Verordnung (EU) Nr. 37/2010).

Insgesamt wurden u. a. 3.177 Schweine auf diese Substanz beprobt.

In demselben Mastschwein, in dessen Muskulatur der Wirkstoff Trimethoprim detektiert wurde, ist auch zusätzlich im Muskelfleisch **Sulfadimin/Sulphamethazin** mit einer Konzentration von 8.591 µg/kg gemessen worden. Die erhöhten Werte von Substanzmarkern für Sulfonamide und Trimethoprim in der gleichen Probe und Gewebe deuten auf die Verabreichung eines Kombipräparates (Trimethoprim + Sulfadimin) hin. Ein weiteres Schwein wies einen Sulfadimin-/Sulphamethazingehalt in der Muskulatur von 237 µg/kg auf.

Der ADI-Wert für Sulfadimidin/Sulphamethazin beträgt 0 bis 50 µg/kg Körpergewicht und Tag (JECFA Evaluation, 1994). Für den Verzehr von Schweinefleisch betrug nach den Daten der NVS II das 95. Perzentil aller Befragten für die Langzeitaufnahme 1,629 g Schweinefleisch/kg Körpergewicht und Tag. Somit würde ein Vielverzehrer bei der höchsten gemessenen Konzentration ca. 14 µg Sulfonamide/kg Körpergewicht und Tag aufnehmen. Dies entspricht, bezogen auf den höchsten ADI-Wert von 50 µg/kg Körpergewicht und Tag, einer ADI Ausschöpfung von ca. 28 %.

Eine gesundheitliche Beeinträchtigung bei Verzehr dieses sulfonamidhaltigen Lebensmittels ist unwahrscheinlich.

In 1 von 42 auf Sulfadimin/Sulfamethazin untersuchten Eiern wurden 50 µg/kg Sulfadimin/Sulphamethazin detektiert. Sulfonamide sind nicht zur Anwendung bei Tieren, deren Eier für den menschlichen Verzehr bestimmt sind, erlaubt (Verordnung (EU) Nr. 37/2010).

Für den Verzehr von Ei betrug nach den Daten der NVS II das 95. Perzentil aller Befragten für die Langzeitaufnahme 0,788 g Ei/kg Körpergewicht und Tag. Somit würde ein Vielverzehrer ca. 0,040 µg Sulfadimin/ Sulphamethazin/kg Körpergewicht und Tag aufnehmen. Dies entspricht einem Anteil von ca. 0,1 % des Wertes von 50 µg/kg Körpergewicht und Tag.

Das Risiko einer gesundheitlichen Beeinträchtigung, auch bei chronischem Verzehr von der in dieser Höhe belasteten Eiern, ist für den Verbraucher als sehr gering einzuschätzen.

Im EÜP 2012 wurden 41 Honigproben auf **Sulfathiazol** getestet, davon enthielt eine Probe 34.2 µg/kg Sulfathiazol. Für die Matrix Honig sind in der Verordnung (EU) Nr. 37/2010 keine Höchstmengen für Sulfonamide festgelegt, somit gilt die Nulltoleranz. Der Wirkstoff Sulfathiazol darf bei Bienen und -produkten nicht eingesetzt werden. Die gemessene Konzentration in Höhe von 34,2 µg/kg unterschritt die vom zuständigen Europäischen Referenzlabor empfohlene Konzentration für die Analysenmethoden zur Bestimmung von Sulfonamiden in Honig von 50 µg/kg (CRL Guidance Paper, 2007).

Ein Risiko für den Konsumenten beim Verzehr dieses mit Sulfonamiden belasteten Honigs ist unwahrscheinlich.

Im Rahmen des NRKP 2012 sind insgesamt 7.979 Tiere auf Rückstände aus der Gruppe der **Tetracycline** beprobt worden, davon u. a. 4.091 Schweine und 289 Kühe. Insgesamt sind von der auf den Wirkstoff Tetracyclin getesteten Proben 4 positiv befunden worden.

Auf Rückstände von Wirkstoffen aus der Gruppe der Tetracycline wurden im Rahmen des EÜP 2012 insgesamt 104 Tiere beprobt. Alle Proben waren negativ.

Aufgrund der ähnlichen antimikrobiellen Aktivität der Wirkstoffe Tetracyclin, Oxytetracyclin und Chlortetracyclin wurde für die 3 Substanzen die gleiche ADI von 0 bis 3 µg/kg Körpergewicht und Tag (EMEA, 1995) festgelegt. Deshalb gelten für alle zur Lebensmittelerzeugung genutzten Arten auch identische Höchstmengen für Tetracyclin, Oxytetracyclin und Chlortetracyclin. Sie liegen bei 600 µg/kg für Niere bzw. 100 µg/kg für Muskelfleisch (Verordnung (EU) Nr. 37/2010) für jeden der drei Wirkstoffe.

Der Wirkstoff **Tetracyclin** wurde in der Muskulatur einer Kuh mit einer Konzentration von 355 µg/kg detektiert. Für die belastete Probe wurde zusätzlich auch das Epitetracyclin mit 116 µg/kg und die Summe von Muttersubstanz und ihrem 4-Epimer mit 471 µg/kg gemessen. In einer Niere der gleichen Kuh wurde ebenfalls Tetracyclin mit 1.223 µg/kg und gemessen als Summe von Muttersubstanz und ihrem 4-Epimer mit 1.704 µg/kg gefunden.

Für den Verzehr von Rindfleisch betrug nach den Daten der NVS II das 95. Perzentil aller Befragten für die Langzeitaufnahme 0,767 g Rindfleisch/kg Körpergewicht und Tag. Somit würde ein Vielverzehrer (95. Perzentil der Gesamtbevölkerung) mit dem höchsten gemessenen Wert ca. 0,36 µg Tetracyclin/kg Körpergewicht und Tag aufnehmen. Dies entspricht einer ADI-Ausschöpfung von ca. 12 % bezogen auf den ADI-Wert von 3 µg/kg Körpergewicht und Tag.

Niere vom Rind gehört zu den selten verzehrten Lebensmitteln. Für den Verzehr von Niere betrug nach den Daten der NVS II das 95. Perzentil aller Verzehrer für die Langzeitaufnahme 0,078 g Niere/kg Körpergewicht und Tag. Somit würde ein Vielverzehrer ca. 0,13 µg Tetracyclin/kg Körpergewicht und Tag aufnehmen. Dies entspricht einem Anteil von ca. 4,4 % des ADI-Wertes.

Tetracyclin wurde auch in der Muskulatur von zwei Schweinen detektiert. Die Summe von Muttersubstanz und ihrem 4-Epimer ergab jeweils einen Gehalt an Tetracyclin von 126 µg/kg und 120 µg/kg.

Für den Verzehr von Schweinefleisch betrug nach den Daten der NVS II das 95. Perzentil aller Befragten für die Langzeitaufnahme 1,629 g Schweinefleisch/kg Körpergewicht und Tag. Unter der Annahme, dass alles verzehrte Schweinefleisch einen Tetracyclin-Rückstand in Höhe von 126 µg/kg aufweist, würde ein Vielverzehrer (95. Perzentil der Gesamtbevölkerung) über den Konsum von Schweinefleisch ca. 0,205 µg Tetracyclin/kg Körpergewicht und Tag aufnehmen. Dies entspricht einem Anteil von ca. 6,8 % des ADI-Wertes von 3 µg/kg Körpergewicht und Tag.

Der Wirkstoff **Oxytetracyclin** wurde in der Muskulatur eines Ferkels in einer Konzentration von 260 µg/kg detektiert. Die Summe von Oxytetracyclin und seinem 4-Epimer wurde in einer Konzentration von 279 µg/kg in der gleichen Probe bestimmt.

Für den Verzehr von Schweinefleisch betrug nach den Daten der NVS II das 95. Perzentil aller Befragten für die Langzeitaufnahme 1,629 g Schweinefleisch/kg Körpergewicht und Tag. Somit würde ein Vielverzehrer (95. Perzentil der Gesamtbevölkerung) ca. 0,45 µg Oxytetracyclin/kg Körpergewicht und Tag (gemessen als Summe Oxytetracyclin und seinem 4-Epimer) aufnehmen. Dies entspricht einer ADI-Ausschöpfung von ca. 15,1 % bezogen auf den ADI-Wert von 3 µg/kg Körpergewicht und Tag.

Insgesamt wird keine Gefährdung der Verbraucher aufgrund des Verzehrs dieser mit Rückständen von Tetracyclinen belasteten Lebensmittel erwartet.

Zusammenfassende Bewertung der Ergebnisse für die Stoffe der Gruppe B1

Die gesundheitliche Beeinträchtigung der Verbraucher durch die im Rahmen des NRKP 2012 gemessenen Rückstände von Stoffen mit antibakterieller Wirkung wird als sehr gering bewertet. Aufgrund der geringen Zahl von Rückstandsbefunden ist nicht von einem Risiko für den Verbraucher durch die Rückstände antibakteriell wirksamer Stoffe auszugehen. Anzumerken ist, dass vor allem bei wiederholter Exposition das Risiko der Ausbildung von Antibiotika-Resistenzen bestehen kann.

Gruppe B 2: Sonstige Tierarzneimittel

Im Jahr 2012 wurden im Rahmen des NRKP insgesamt 22.868 Proben auf sonstige Tierarzneimittel untersucht, davon wurden 17 (0,07 %) positiv getestet.

Im Rahmen des EÜP wurden im Jahr 2012 insgesamt 368 Proben von Tieren oder tierischen Erzeugnissen auf sonstige Tierarzneimittel untersucht, davon wurde keine positive Probe detektiert.

Anthelminthika (Gruppe B2a)

In einer von 748 auf Rückstände einer Behandlung mit Triclabendazol untersuchten Milchproben wurden 2,2 µg/kg Triclabendazol, 6,4 µg/kg Triclabendazolsulfoxid sowie 39 µg/kg Triclabendazolsulfon festgestellt.

Seit dem 14.03. 2012 ist für die Behandlung von Milch liefernden Tieren mit Triclabendazol eine vorläufige Höchstmenge von 10 µg/kg festgelegt (vgl. Durchführungsverordnung (EU) Nr. 222/2012 zur Verordnung (EU) Nr. 37/2010). Sie gilt für die Summe der extrahierbaren Rückstände, die zu Ketotriclabendazol oxidiert werden können. Das heißt, die festgestellten Rückstände des Wirkstoffes Triclabendazol sowie der Metaboliten Ketotriclabendazol, Triclabendazolsulfoxid und Triclabendazolsulfon werden summiert und als Summenwert in Ketotriclabendazoläquivalenten angegeben. Im vorliegenden Fall ergibt sich ein Summenwert von 40 µg/kg Ketotriclabendzoläquivalenten. Der publizierte toxikologische ADI (EMA, 2012) liegt bei 0,09 mg/Person und Tag bzw. 0,0015 mg/kg KG und Tag.

Die Berechnung mit den Daten der NVS II mit dem 95. Perzentil aller Befragten für die Langzeitaufnahme von 9,355 g/kg Körpergewicht und Tag für Milch und dem für die Probe gemessenen Wert ergab eine Aufnahme von 0,37 µg Triclabendazol/kg Körpergewicht und Tag. Dies entspricht einer ADI-Auslastung von 24,9 %.

In 1 von 367 auf **Flubendazol** getesteten Schweinen wurde der Rückstandshöchstgehalt überschritten. In der Leber des Tieres wurde die Markersubstanz Aminoflubendazol/2-Amino-1H-benzimidazol-5-yl-4-fluorphenylmethanon in einer Konzentration von 769 µg/kg gefunden. Gemessen als Summe von Flubendazol und Aminoflubendazol ergab sich ein Rückstandshöchstgehalt von 771 µg/kg Flubendazol.

Die in der Verordnung (EU) Nr. 37/2010 festgelegte Rückstandshöchstmenge für Flubenda-zol beträgt 400 µg/kg in der Schweineleber. Mit den Daten der NVS II (95. Perzentil aller Befragten) für die Langzeitaufnahme von 0,092 g/kg Körpergewicht und Tag für Leber errechnet sich eine Aufnahme von ca. 0,071 µg Flubendazol/kg Körpergewicht und Tag. Der ADI für Flubendazol (EMEA, 2006b) von 12 µg/kg Körpergewicht und Tag wird zu 0,6 % ausgeschöpft.

Eine Probe von 468 Schweinen wurde positiv auf **Albendazol** beprobt. In der Leber eines Tieres wurde ein Gehalt von 0,66 µg/kg dieses Wirkstoffes gefunden. Die Verordnung (EU) Nr. 37/2010 legte keine Rückstandshöchstmenge für Lebern von Schweinen fest, weshalb dieser Wirkstoff in Schweineleber, die zum Verzehr bestimmt ist, nicht erlaubt ist.

Der ADI wurde von der EMEA (EMEA, 2004a) mit 0,005 mg/kg Körpergewicht und Tag abgeleitet.

Für den Verzehr von Schweineleber betrug nach den Daten der NVS II das 95. Perzentil aller Befragten für die Langzeitaufnahme 0,092 g Leber/kg Körpergewicht und Tag. Die Aufnahme des belasteten Lebensmittels für einen Vielverzehrer (95. Perzentil der Gesamtbevölkerung) sind 0,0001 µg Albendazole/kg Körpergewicht und Tag. Dieser Wert entspricht einer ADI-Ausschöpfung von ca. 0,002 %.

Aufgrund der niedrigen Auslastung der ADI-Werte für Anthelminthika besteht selbst bei täglichem Konsum der angegebenen Verzehrsmengen kein Risiko für den Verbraucher.

Kokzidiostatika (Gruppe B2b)

Kokzidiostatika (und Histomonostatika) sind Stoffe, die zur Abtötung von Protozoen oder zur Hemmung des Wachstums von Protozoen dienen und u. a. als Futtermittelzusatzstoffe gemäß der Verordnung (EG) Nr. 1831/2003 zugelassen werden können. Bei der Zulassung von Kokzidiostatika (und Histomonostatika) als Futtermittelzusatzstoffe werden spezifische Verwendungsbedingungen wie etwa die Tierarten oder Tierkategorien festgelegt, für die die Zusatzstoffe bestimmt sind (Zieltierarten bzw. Zieltierkategorien).

Futtermittelunternehmer können in ein und demselben Mischfutterwerk sehr unterschiedliche Futtermittel produzieren, und verschiedene Arten von Erzeugnissen müssen möglicherweise nacheinander in derselben Produktionslinie hergestellt werden. So kann es vorkommen, dass unvermeidbare Rückstände eines Futtermittels in der Produktionslinie verbleiben und zu Beginn des Herstellungsprozesses eines anderen (Misch)Futtermittels in dieses übergehen. Dieser Übergang von Teilen einer Futtermittel-Charge in eine andere wird als „Verschleppung" oder „Kreuzkontamination" bezeichnet; dazu kann es beispielsweise kommen, wenn Kokzidiostatika (oder Histomonostatika) als zugelassene Futtermittelzusatzstoffe eingesetzt werden. Dies kann dazu führen, dass anschließend hergestellte Futtermittel für Nichtzieltierarten, also Futtermittel zum Einsatz bei Tierarten oder Tierkategorien, für die die Verwendung von Kokzidiostatika (oder Histomonostatika) nicht zugelassen ist, durch technisch unvermeidbare Rückstände dieser Stoffe kontaminiert werden. Zu einer derartigen unvermeidbaren Verschleppung kann es auf jeder Stufe der Herstellung und Verarbeitung, aber auch bei Lagerung und Beförderung von Futtermitteln kommen.

Die Verordnung (EG) Nr. 183/2005 enthält besondere Vorschriften für Futtermittelunternehmen, die bei der Futtermittelherstellung Kokzidiostatika (und Histomonostatika) einsetzen. Insbesondere müssen die betreffenden Unternehmer hinsichtlich Einrichtungen und Ausrüstungen sowie bei Herstellung, Lagerung und Beförderung alle geeigneten Maßnahmen ergreifen, um jede Verschleppung zu vermeiden. Dies besagen die Verpflichtungen in den Artikeln 4 und 5 der genannten Verordnung. Die Festsetzung von Höchstgehalten für Kokzidiostatika (und Histomonostatika), die aufgrund unvermeidbarer Verschleppung in Futtermitteln für Nichtzieltierarten vorhanden sind, sollte gemäß der Richtlinie 2002/32/EG nicht die vorrangige Verpflichtung der Unternehmer berühren, sachgemäße Herstellungsverfahren anzuwenden, mit denen sich eine Verschleppung vermeiden lässt.

Dennoch ist allgemein anerkannt, dass unter Praxisbedingungen bei der Herstellung von Mischfuttermitteln ein bestimmter Prozentsatz einer Futtermittelpartie im Produktionskreislauf verbleibt und diese Restmengen nachfolgender Futtermittelpartien kontaminieren können. Diese Kreuzkontamination kann dann zur Exposition von Nichtzieltierarten führen.

In 1 von 223 untersuchten Proben (0,45 %) von Eiern von Legehennen wurde der zulässige Höchstgehalt für **Lasalocid** mit einem Befund von 587 µg/kg überschritten.

Lasalocid ist gemäß der Verordnung (EG) Nr. 2037/2005 als Kokzidiostatikum für Masthühner, für Junghennen (bis zu einem Höchstalter von 16 Wochen) und für Truthühner (bis zu einem Höchstalter von 12 Wochen) mit einem Höchstgehalt von 125 mg/kg im Futtermittel und einer Wartezeit von 5 Tagen zugelassen.

Ein weiterer Eintragsweg von Lasalocid in die Lebensmittelkette ist die unerwünschte Kontamination von Futtermitteln aufgrund technischer Unvermeidbarkeiten bei der Futtermittelherstellung. Durch diese sogenannte Verschleppung kann Lasalocid auch in Futtermittel gelangen, die für Nicht-Zieltierarten bestimmt sind.

Um dieser unvermeidbaren Kreuzkontamination während der Futtermittelherstellung Rechnung zu tragen, wurde in der Richtlinie 2009/8/EG für Lasalocid ein Höchstgehalt von 1,25 mg/kg für Futtermittel, die für Nicht-Zieltierarten bestimmt sind, festgesetzt. Für Lebensmittel, gewonnen von Nicht-Zieltierarten, wurde mit der Verordnung (EG) Nr. 124/2009 ein Höchstgehalt für Lasalocid von 5 µg/kg im Ei festgelegt.

Bei der Anwendung von Lasalocid als Tierarzneimittel ist nach der Verordnung (EU) 37/2010 für Eier von Geflügel eine erlaubte Rückstandshöchstmenge von 150 µg Lasalocid/kg festgelegt. Für Lasalocid-Natrium wurde ein

ADI-Wert (für den Menschen) von 2,5 μg/kg Körpergewicht und Tag abgeleitet (EMEA, 2005). Der ADI-Wert beinhaltet einen Sicherheitsfaktor von 200.

Die mittlere Verzehrsmenge der Verzehrer von Eiern (Verzehreranteil 99,3 %) liegt nach der NVS II bei 0,313 g pro kg Körpergewicht und Tag. Bei einem Gehalt für Lasalocid von 587 μg/kg Ei würde der Verbraucher 0,18 μg/kg Körpergewicht und Tag, entsprechend einer Ausschöpfung des ADI von 7,4 % aufnehmen. Bei einem Vielverzehrer von Eiern mit einem Verzehr von 0,788 g/kg Körpergewicht und Tag (95. Perzentil nach der NVS II) läge die Ausschöpfung des ADI bei 18,5 %.

Insofern ist nach Ansicht des BfR eine gesundheitliche Gefährdung des Verbrauchers nicht gegeben.

Sedativa (Gruppe B2d)
Im NRKP 2012 wurden insgesamt 2.106 Tiere auf Beruhigungsmittel beprobt. 2 Proben (0,09 %) wurden positiv getestet.

Im NRKP 2012 wurden 985 Mastschweine auf **Xylazin** untersucht. In der Niere eines Schweines wurde 0,493 μg Xylazin/kg gefunden. Nach der Verordnung (EU) Nr. 37/2010 ist Xylazin nur in Rindern und Pferden erlaubt, für diesen Stoff sind keine Rückstandshöchstmengen erforderlich. Bei Schweinen, die als lebensmittelliefernde Tiere zum Verzehr in den Verkehr gebracht werden, darf dieser Wirkstoff nicht eingesetzt werden.

Für den Verzehr von Schweineniere betrug nach den Daten der NVS II das 95. Perzentil aller Befragten für die Langzeitaufnahme 0,078 g Niere/kg Körpergewicht und Tag. Somit würde ein Vielverzehrer (95. Perzentil der Gesamtbevölkerung) ca. 0,038 ng Xylazin/kg Körpergewicht und Tag aufnehmen.

Die EMEA konnte aufgrund fehlender Toxizitätsstudien keinen NOEL (No Observed Effect Level) und damit auch keinen ADI-Wert für Xylazin festlegen (EMEA, 2002c). Es konnte jedoch gezeigt werden, dass bei oralen Dosen von 170 μg/kg beim Menschen erste pharmakologische Effekte auftraten. Toxische Effekte treten ab einer Dosis von 700 μg/kg auf. Dieser Einzelbefund in dieser geringen Konzentration stellt kein Risiko für den Verbraucher dar. Im Rahmen der Aufklärung der Rückstandsursachen durch die zuständigen Behörden der Länder wurde ermittelt, dass dieser Befund wahrscheinlich auf einer Verschleppung beruht.

In 1 von 4 beprobten Pferden wurde **Diazepam** in einer Niere mit 1,88 μg/kg detektiert. Diazepam ist nicht in der Verordnung (EU) Nr. 37/2010 enthalten. Für lebensmittelliefernde Tiere darf Diazepam nicht angewendet werden. Um Verzehrsmengen selten verzehrter Lebensmittel anzugeben (z. B. Innereien von Pferd und Wild), die nach DISHES in der NVS II-Studie nicht verzehrt wurden, wurden Verzehrsannahmen getroffen. Für Pferdeniere wird eine mittlere Verzehrsmenge (BLS) bei einer Person von 70 kg über ein Jahr von 0,024 g/kg Körpergewicht und Tag angenommen. Der Verzehr des belasteten Lebensmittels Pferdeniere beträgt demnach für eine 70 kg schwere Person 0,045 ng (0,00005 μg) Diazepam/kg Körpergewicht und Tag. Es ist davon auszugehen, dass die tatsächlichen Verzehrsmengen von Pferdeniere geringer sind als die auf Basis der Annahmen getroffenen Schätzungen.

Ein Risiko für den Konsumenten beim Verzehr dieser mit Sedativa belasteten Lebensmittel ist unwahrscheinlich.

NSAIDs (Gruppe B2e)
Im Rahmen des NRKP 2012 wurden insgesamt 7.008 Tiere, darunter 1.468 Milchproben und 718 Proben von Kühen, auf Wirkstoffe aus der Gruppe der nichtsteroidalen Entzündungshemmer (NSAID) untersucht.

Unter den 304 auf **Paracetamol** getesteten Proben befanden sich u. a. 59 Milchproben, von denen eine Milchprobe einer Kuh mit einer Konzentration von 2,1 μg Paracetamol/kg gemessen wurde. Paracetamol ist für die Matrix Kuhmilch nicht in der Verordnung (EU) Nr. 37/2010 gelistet und demnach für Kuhmilch nicht erlaubt.

Der pharmakologische ADI-Wert für Paracetamol liegt bei 50 μg/kg (EMEA, 1999).

Für den Verzehr von Milch betrug nach den Daten der NVS II das 95. Perzentil aller Befragten für die Langzeitaufnahme 9,355 g Milch/kg Körpergewicht und Tag. Somit würde ein Vielverzehrer (95. Perzentil der Gesamtbevölkerung) ca. 0,02 μg Paracetamol/kg Körpergewicht und Tag aufnehmen. Dies entspricht einem Anteil von ca. 0,04 % des ADI-Wertes.

Bei 1 von 119 untersuchten Kühen wurde in der Leber ein Rückstand von 4-Methylamino-Antipyrin (4-Methylaminophenazon) in einer Konzentration von 244 μg/kg gemessen. 4-Methylamino-Antipyrin ist der analytische Markerrückstand für den Wirkstoff **Metamizol**. Die zulässige Höchstmenge für Metamizol, bestimmt als 4-Methylamino-Antipyrin, in der Leber von Rindern liegt bei 100 μg/kg (Verordnung (EU) Nr. 37/2010). Der ADI-Wert für Metamizol beträgt 10 μg/kg Körpergewicht und Tag (EMEA, 2003).

Für den Verzehr von Leber (Schwein, Rind, Kalb, Schaf/Lamm) betrug nach den Daten der NVS II das 95. Perzentil aller Befragten für die Langzeitaufnahme 0,092 g Leber/kg Körpergewicht und Tag. Somit würde ein Vielverzehrer (95. Perzentil der Gesamtbevölkerung) ca. 0,023 μg Metamizol/kg Körpergewicht und Tag aufnehmen. Dies entspricht einem Anteil von ca. 0,22 % des ADI-Wertes.

Ein Risiko für den Konsumenten beim Verzehr dieser mit NSAID belasteten Lebensmittel ist unwahrscheinlich.

Sonstige Stoffe mit pharmakologischer Wirkung (Gruppe B2f)
Ektoparasitika (Gruppe B2f2)
Im NRKP 2012 wurden insgesamt 147 Proben auf Ektoparasitika getestet. Von 91 der auf **Amitraz** getesteten Honigproben enthielt eine Probe 390 µg Amitraz/kg (Summe von Amitraz und allen Metaboliten, die die 2,4-Dimethylanilin-Gruppe enthalten). Damit überschreitet diese Probe die in der Verordnung (EU) Nr. 37/2010 für die Matrix Honig festgelegte Rückstandshöchstmenge von 200 µg Amitraz/kg. Der ADI-Wert für Amitraz beträgt 3 µg/kg Körpergewicht und Tag (EMEA, 2004b).

Für den Verzehr von Honig betrug nach den Daten der NVS II das 95. Perzentil aller Befragten für die Langzeitaufnahme 0,281 g Honig/kg Körpergewicht und Tag. Somit würde ein Vielverzehrer (95. Perzentil der Gesamtbevölkerung) ca. 0,1096 µg Amitraz/kg Körpergewicht und Tag aufnehmen. Dies entspricht einer ADI Auslastung von ca. 3,6 %.

Dieser Einzelbefund stellt keine Gefährdung der Verbraucher aufgrund des Verzehrs des mit Amitraz belasteten Lebensmittels dar.

Synthetische Kortikosteroide (Gruppe B2f3)
Der Wirkstoff **Dexamethason** gehört zur Gruppe der synthetischen Kortikosteroide. Auf Rückstände synthetischer Kortikosteroide wurden insgesamt 1.788 Tiere beprobt, u. a. wurden 363 Kühe untersucht.

In einer Kuh wurden jeweils in der Muskulatur und in der Leber Höchstmengenüberschreitungen von Dexamethason von 1,6 µg/kg und 55,3 µg/kg gefunden. In einer zweiten Kuh waren die gleichen Gewebe belastet mit je 2,6 µg/kg und 122 µg/kg. In den Lebern von 4 weiteren Kühen wurde Dexamethason in Konzentrationen von 5,1 µg/kg, 2,5 µg/kg, 6,1 µg/kg, 257,67 µg/kg detektiert. Die zulässigen Rückstandshöchstmengen für Dexamethason liegen für Rinderleber bei 2 µg/kg und für Muskulatur bei 0,75 µg/kg (Verordnung (EU) Nr. 37/2010). Der ADI-Wert für Dexamethason beträgt 0,015 µg/kg Körpergewicht und Tag (EMEA, 2004c).

Für den Verzehr von Leber (Schwein, Rind, Kalb, Schaf/Lamm) betrug nach den Daten der NVS II das 95. Perzentil aller Befragten für die Langzeitaufnahme 0,092 g Leber/kg Körpergewicht und Tag. Somit würde ein Vielverzehrer (95. Perzentil der Gesamtbevölkerung), der ausschließlich Rindsleber mit der höchsten im Rahmen des NRKP 2012 gemessenen Konzentration an Dexamethason konsumiert, ca. 0,0237 µg Dexamethason/kg Körpergewicht und Tag aufnehmen. Der ADI-Wert wird überschritten und ist zu 158,04 % ausgelastet.

Da dieser Wert einen Einzelbefund darstellt, ist ein Risiko durch einen chronischen Verzehr von mit Dexamethason belasteten Proben als sehr gering einzuschätzen.

Für den Verzehr von Muskulatur eines Rindes betrug nach den Daten der NVS II das 95. Perzentil aller Befragten für die Langzeitaufnahme 0,767 g Muskulatur/kg Körpergewicht und Tag. Somit würde ein Vielverzehrer (95. Perzentil der Gesamtbevölkerung), der ausschließlich Muskulatur konsumiert, 0,0020 µg Dexamethason/kg Körpergewicht und Tag aufnehmen. Der ADI-Wert wird zu 13,29 % ausgelastet.

Ein Risiko für den Verbraucher beim Verzehr dieser mit Dexamethason belasteten Proben ist als sehr gering einzuschätzen.

Sonstige Stoffe mit pharmakologischer Wirkung (Gruppe B2f4)
Insgesamt wurden im Rahmen des NRKP 213 Tiere auf Nikotin-Rückstände hin beprobt. Dabei wurden in einer von 17 Proben von Muskelfleisch von Lege-/Suppenhühnern und in einer von 35 Proben von Muskelfleisch von Puten Nikotin-Rückstände von jeweils 0,0084 mg/kg bzw. 0,0014 mg/kg gemessen.

Für die toxikologische Bewertung von Nikotin-Rückständen wurden die Grenzwerte verwendet, die die EFSA in ihrer jüngsten Stellungnahme zu Rückständen von Nikotin in Lebensmitteln verwendet hat (EFSA, 2011):
- Acceptable Daily Intake (ADI): 0,0008 mg/kg Körpergewicht und Tag
- Acute Reference Dose (ARfD): 0,0008 mg/kg Körpergewicht

Bewertung des chronischen Risikos: Unter der sehr konservativen Annahme, dass alles Fleisch von Hühnern und Puten Nikotin-Rückstände von 0,0084 mg/kg enthält, liegt die ADI-Auslastung für die im EFSA PRIMo enthaltenen Verzehrsdaten europäischer Konsumentengruppen bei maximal 1,4 % (kritischster Fall: spanische Kinder, „ES child"). Verwendet man die im nationalen NVS II-Modell enthaltenen Verzehrsdaten für deutsche Verbrauchergruppen, entspricht der Rückstand von 0,0084 mg/kg weniger als 1 % des ADI-Wertes. Da die überwiegende Mehrzahl der Proben keine positiven Befunde aufwies, ist es sehr wahrscheinlich, dass die tatsächliche längerfristige Belastung der Verbraucher durch Nikotin in Geflügelfleisch noch deutlich darunter liegt.

Bewertung des akuten Risikos: Das EFSA PRIMo differenziert bei Verzehrsdaten nicht nach verschiedenen Geflügelarten. Der höchste Kurzzeitverzehr (large portion) von Geflügelfleisch (poultry meat), der die Grundlage für die akute Risikobewertung bildet, wird im EFSA-Modell für deutsche Kleinkinder (mittleres Körpergewicht 16,15 kg) ausgewiesen, wobei die kurzzeitig, d. h. an einem Tag aufgenommene Menge bei einer Nikotin-Konzentration von 0,0084 mg/kg 12 % der ARfD entspricht. Mit dem deutschen Verzehrsmodell (NVS II) wird für einen Rückstand von 0,0084 mg/kg eine Ausschöpfung der ARfD von circa 11 % errechnet, berechnet auf Basis der gleichen Verzehrsdaten für deutsche Kinder, die in PRIMo genutzt werden, aber in diesem Modell bezogen auf individuelle Kombinationen von Verzehrsmenge und Körpergewicht.

Es gibt somit keine Hinweise auf ein akutes oder chronisches Risiko für deutsche oder europäische Verbraucher durch den Verzehr von Geflügelfleisch, das Nikotin in einer Konzentration von bis zu 0,0084 mg/kg enthält.

Gruppe B 3: Andere Stoffe und Kontaminanten

Im Jahr 2012 wurden im Rahmen des NRKP insgesamt 6.948 Proben auf Umweltkontaminanten und andere Stoffe untersucht, davon wurden 230 (3,31 %) positiv getestet.

Im Rahmen des EÜP wurden im Jahr 2012 insgesamt 540 Proben von Tieren oder tierischen Erzeugnissen auf Umweltkontaminanten und andere Stoffe untersucht, davon wurden 6 Proben (1,11 %) positiv getestet.

Organische Chlorverbindungen, einschließlich PCB (Gruppe B3a)

Im Rahmen des NRKP 2012 wurden hinsichtlich der Gehalte an **Dioxinen (PCDD/F)** und**dioxinähnlichen Polychlorierten Biphenylen (dl-PCB)** in Eiern Überschreitungen der zu-lässigen Höchstgehalte festgestellt.

Als Grundlage einer gesundheitlichen Bewertung der Befunde wird die vom Scientific Committee on Food (SCF) in der Europäischen Union (EU) 2001 festgelegte wöchentliche tolerierbare Aufnahmemenge (TWI) für die Summe von PCDD/F und dl-PCB von 14 pg WHO-PCDD/F-PCB-TEQ/kg Körpergewicht herangezogen. Der TWI gibt die tolerierbare Menge eines Stoffes an, die bei lebenslanger wöchentlicher Aufnahme keine nachteiligen Auswirkungen auf die Gesundheit beim Menschen erwarten lässt.

Es wurden 140 Eiproben auf Dioxine (WHO-PCDD/F-TEQ) sowie auf die Summe von Dioxinen und dl-PCB (WHO-PCDD/F-PCB-TEQ) untersucht. Davon überschritten 2 Proben mit 6 bzw. 12 pg WHO-PCDD/F-PCB-TEQ/g Fett den in der Verordnung (EG) Nr. 1881/2006 festgelegten Höchstgehalt für die Summe von Dioxinen und dl-PCB in Eiern von 5 pg WHO-PCDD/F-PCB-TEQ/g Fett.

Zur Berechnung eines Worst-Case-Szenarios wurde davon ausgegangen, dass ein Mensch sein Leben lang über den Verzehr von Eiern Konzentrationen an Dioxinen und dl-PCB aufnimmt, die der hier gefundenen, höchstbelasteten Probe entsprechen. Nach den Daten der NVS II betrug das 95. Perzentil für die Langzeitaufnahme unter Berücksichtigung aller Befragten 0,788 g Ei/kg Körpergewicht und Tag. Der durchschnittliche Fettgehalt von Eiern beträgt ca. 11,3 % (Souci et al, 2004). Legt man diesen Wert zugrunde, so nimmt ein Mensch bei einem Verzehr

von 0,788 g Ei/kg Körpergewicht und Tag 0,089 g Eifett/kg Körpergewicht und Tag auf.

Somit würde ein Vielverzehrer (95. Perzentil der Gesamtbevölkerung), der die Probe mit dem höchsten hier gemessenen Gehalt an Dioxinen und dl-PCB (12 pg WHO-PCDD/F-PCB-TEQ/g Fett) verzehrt, ca. 1,07 pg WHO-PCDD/F-PCB-TEQ/kg Körpergewicht und Tag aufnehmen. Das entspricht ca. 7,5 pg WHO-PCDD/F-PCB-TEQ/kg Körpergewicht und Woche und damit einem Anteil von ca. 62 % des TWI-Wertes. Die im Rahmen des NRKP gezogenen Proben sind Einzelmessungen, die nicht durch eine repräsentative Probenahme gewonnen wurden. Die hier vorgestellte Betrachtung stellt eine Worst-Case-Berechnung dar. Die daraus resultierende Dioxinaufnahme des Verbrauchers wird nur in Einzelfällen auftreten. Es ist deshalb nicht zu erwarten, dass die tolerable tägliche Aufnahme an Dioxinen und dl-PCB über einen längeren Zeitraum überschritten wird.

Gleiches gilt für die Überschreitung in einer von insgesamt 23 Proben Schafleber. Bei einer Probe Schafleber wurden Gehalte von 19,17 pg WHO-PCDD/F-TEQ(1998)/g Fett und 25,97 pg WHO-PCDD/F-PCB-TEQ(1998)/g Fett gemessen. Da es sich jedoch bei Schafleber um ein selten verzehrtes Lebensmittel handelt, ist nicht zu erwarten, dass die tolerable tägliche Aufnahme an Dioxinen und dl-PCB über einen längeren Zeitraum überschritten wird.

Insgesamt kann festgestellt werden, dass der gesundheitliche Verbraucherschutz hinsichtlich Dioxinen und dl-PCB trotz dieser Befunde sichergestellt ist. Allerdings sind die Anstrengungen, die allgemeine Belastung der tierischen Nahrungsmittel mit Dioxinen und PCB weiter zu verringern, unbedingt fortzusetzen, da immer wieder Einzelproben mit Höchstwertüberschreitungen gefunden werden.

Im Rahmen des NRKP 2012 wurden verschiedene Lebensmittelproben auf Gehalte an **nicht-dioxinähnlichen Polychlorierten Biphenylen (ndl-PCB)** untersucht. Eine gesundheitliche Bewertung von ndl-PCB kann zurzeit nicht erfolgen, da aufgrund von fehlenden Daten kein toxikologischer Referenzwert abgeleitet werden kann (EFSA, 2005).

In einer Fettprobe von insgesamt 109 Wildproben wurde PCB 180 in Höhe von 90 µg/kg detektiert. Vergleicht man diesen Wert mit dem in der Verordnung zur Begrenzung von Kontaminanten in Lebensmitteln (Kontaminanten-Verordnung) angegeben Höchstgehalt für „Fleischerzeugnisse ausgenommen in Abschnitt 5.1 des Anhangs der Verordnung (EG) 1881/2006 genannte Lebensmittel mit einem Fettgehalt von mehr als 10 %" von 80 µg/kg, so würde dieser nur geringfügig überschritten.

Für die toxikologische Bewertung von Rückständen von Hexachlorbenzol (HCB) wurden die im Folgenden genannten Grenzwerte (minimal risk levels) des US Department of Health and Human Services verwendet (US HHS, 2002):

- Minimal risk level für chronische Exposition: 0,00005 mg/kg Körpergewicht und Tag (entspricht dem ADI)
- Minimal risk level für akute Exposition: 0,008 mg/kg Körpergewicht und Tag (entspricht der ARfD).

Insgesamt wurden im Rahmen des NRKP 2.123 Proben auf Rückstände von HCB untersucht. Nur in 1 von insgesamt 125 Hühnereiproben wurde dabei ein HCB-Rückstand von 0,0239 mg/kg gemessen.

Zur Bewertung des chronischen Risikos wurde die konservative Annahme zugrunde gelegt, dass alle verzehrten Eier mit HCB-Rückständen in Höhe von 0,0239 mg/kg belastet sind, Die ADI-Auslastung für die im EFSA PRIMo enthaltenen Verzehrsdaten europäischer Konsumentengruppen liegt bei maximal 53 % (kritischster Fall: britische Kleinkinder, „UK infant", Ergebnis bezogen auf das mittlere Körpergewicht). Verwendet man die im nationalen NVS II-Modell enthaltenen Verzehrsdaten für deutsche Verbrauchergruppen, entspricht der Rückstand von 0,0239 mg/kg 54,5 % des ADI-Wertes, berechnet auf Basis individueller Kombinationen von Verzehrsmenge und Körpergewicht.

Da die überwiegende Mehrzahl der Proben keine positiven Befunde aufwies, ist es sehr wahrscheinlich, dass die tatsächliche längerfristige Belastung der Verbraucher durch HCB-Rückstände in Eiern noch deutlich darunter liegt.

Zur Bewertung des akuten Risikos wird der höchste Kurzzeitverzehr (large portion) von Eiern im EFSA PRIMo für britische Kleinkinder (mittleres Körpergewicht 8,7 kg) ausgewiesen, wobei die kurzzeitig, d. h. an einem Tag aufgenommene Menge bei einer HCB-Konzentration von 0,0239 mg/kg 3,1 % der ARfD entspricht. Mit dem deutschen Verzehrsmodell (NVS II) wird für einen HCB-Rückstand von 0,0239 mg/kg eine Ausschöpfung der ARfD von 1,6 % errechnet (basierend auf individuellen Kombinationen von Verzehrsmenge und Körpergewicht).

Es gibt somit keine Hinweise auf ein akutes oder chronisches Risiko für deutsche oder europäische Verbraucher durch den Verzehr von Eiern, die HCB in einer Konzentration von bis zu 0,0239 mg/kg enthalten

Chemische Elemente (Gruppe B3c)

Element Kupfer

Die Rückstandshöchstgehalte für **Kupfer** in Lebensmitteln tierischer Herkunft sind in der Verordnung (EG) Nr. 149/2008 zur Änderung der Verordnung (EG)

Nr. 396/2005 (Verordnung (EG) Nr. 396/2005 des Europäischen Parlaments und des Rates vom 23.02.2005 über Höchstgehalte an Pestizidrückständen in oder auf Lebens- und Futtermitteln pflanzlichen und tierischen Ursprungs und zur Änderung der Richtlinie 91/414/EWG des Rates festgelegt. Die Thematik „Kupfer in Rinderleber" steht schon seit einiger Zeit auf der Agenda verschiedener Gremien. Regelmäßig kommt es bei Kontrollen zur Überschreitung des zulässigen Höchstgehaltes von 30 mg/kg. Kontrovers wird diskutiert, ob der Höchstgehalt für Kupfer aus der oben genannten Verordnung herangezogen werden kann, um Kupfergehalte in der Rinderleber zu beurteilen, da Kupfer in Rinderleber auch aus der zulässigen Anwendung von Kupfer als Futtermittelzusatzstoff stammen kann. Hier wird seitens des BfR weiterhin Handlungsbedarf auf europäischer Ebene gesehen.

Für die toxikologische Bewertung von Kupfer-Rückständen wurde die vorläufige maximal tolerable tägliche Aufnahmemenge für Kupfer zugrunde gelegt, die von der JECFA, dem gemeinsamen FAO/WHO-Sachverständigenausschuss für Lebensmittelzusatzstoffe abgeleitet wurde. Danach liegt der sog. PMTDI (Provisional Maximum Tolerable Daily Intake) in einem Bereich von 0,05 bis 0,5 mg/kg Körpergewicht. Für die vorläufige maximal tolerable wöchentliche Aufnahme (PMTWI) ergibt sich eine Spanne von 0,35 bis 3,5 mg/kg Körpergewicht.

Im Nationalen Rückstandskontrollplan (NRKP) wurden im Jahre 2012 insgesamt 282 Proben auf Kupfer untersucht. Davon waren 71 Proben positiv (25,2 %).

Im Jahre 2012 wurden im Rahmen des NRKP insgesamt 16 Proben von Mastrindern, 10 Proben von Kälbern sowie 9 Proben von Kühen auf Kupfer untersucht. Es wurden also in diesem Jahr deutlich weniger Proben auf Kupfer untersucht als auf Blei, Cadmium und Quecksilber (dort wurden analysiert: Mastrinder: 187 Proben; Kühe: 92 Proben; Kälber: 29 Proben).

Die Kupfergehalte in Lebern lagen bei 9 von 16 Mastrindern (56,3 %), bei 4 von 9 Kühen (44,4 %) und bei 8 von 10 Kälbern (80 %) über dem zulässigen Höchstgehalt für Kupfer von 30 mg/kg in Bezug auf das Frischgewicht. Der Maximalgehalt für Kupfer in der Leber eines Kalbes lag bei 348 mg/kg.

Insgesamt wurden nur 178 Schweineproben auf Kupfer untersucht, während insgesamt 1.485 Schweine auf die Elemente Blei, Cadmium und Quecksilber untersucht wurden.

Von den 178 Schweineproben lagen insgesamt 42 Leberproben (23,6 %) mit Kupfergehalten von 32,4 bis 300 mg/kg und 4 Nierenproben (2,2 %) mit Kupfergehalten von 40,7 bis 178 mg/kg über dem Höchstgehalt von 30 mg/kg für Kupfer.

Bei den 4 untersuchten Schaf- bzw. Ziegenproben wurden bei 3 Schaflebern (75 %) Kupfergehalte gemessen, die über dem Höchstgehalt von 30 mg/kg liegen. Die entsprechenden Gehalte betrugen 43,9; 127,7 und 130 mg/kg.

Bei 3 auf ihren Kupfergehalt untersuchten Honigproben war mit 0,467 mg/kg bei einer Probe (33,3 %) eine Überschreitung des Höchstgehalts von 0,01 mg/kg nach Artikel 18 Absatz 1b der Verordnung (EG) Nr. 396/2005 über Höchstgehalte an Pestizidrückständen in oder auf Lebens- und Futtermitteln pflanzlichen und tierischen Ursprungs nachzuweisen.

Im Gegensatz zu den weiter unten aufgeführten nichtessentiellen Schwermetallen Cadmium, Quecksilber und Blei ist Kupfer ein lebenswichtiges Spurenelement, das von tierischen und pflanzlichen Organismen zur Steuerung des Metabolismus und zum Wachstum benötigt wird. Aus diesem Grund werden Kupfer und dessen Verbindungen auch als Futtermittelzusatzstoffe bei landwirtschaftlichen Nutztieren verwendet.

Das Spurenelement Kupfer ist als essentieller Bestandteil vieler Enzyme und Co-Enzyme und als Co-Faktor von Metalloenzymen wichtig für den Hämoglobinaufbau und den Sauerstofftransport, für die Funktion von Gehirn und Nerven, den Aufbau von Knochen und Bindegewebe, der Pigmentierung von Haut und Haaren, das Immunsystem; und die antioxidative Wirkung von Kupfer schützt die Zellen vor freien Radikalen.

Kupfer wird aus dem Magen und dem Darm absorbiert, die Absorptionsrate beträgt ca. 35 bis 70 % und ist homöostatisch reguliert. Die Leber ist das zentrale Organ des Kupferstoffwechsels, in der Kupfer zum Teil gespeichert wird. Hohe Kupfergehalte finden sich vor allem in der Leber und im Gehirn. Ausgeschieden wird Kupfer zu 80 % über die Galle.

Kupfer und dessen Verbindungen werden in der Landwirtschaft auch als Pflanzenschutz-mittel verwendet. Die Durchführungsverordnung (EU) Nr. 540/2011 regelt die Anwendung von Kupferverbindungen als Bakterizid und Fungizid im Pflanzenschutz, wobei diese insbesondere im ökologischen Landbau und bei Sonderkulturen wie Wein, Hopfen und Obst verwendet werden. Die Applikation von Reinkupfer im ökologischen Landbau ist auf 6 kg/ha und Jahr reglementiert, diese Anwendung von kupferhaltigen Pflanzenschutzmitteln kann theoretisch über Futtermittel zu einer erhöhten Kupferexposition bei Nutztieren führen, ist aber aktuell vor allem aus Bodenschutzaspekten in der öffentlichen Diskussion.

Der tägliche Verzehr von Rinderleber wird nach der NVS II (alle Befragte) für einen deutschen Erwachsenen mit 0,018 g/kg Körpergewicht angenommen, was einem wöchentlichen Verzehr von 0,126 g/kg Körpergewicht entspricht. Beim Verzehr von 0,126 g Rinderleber/kg Körpergewicht mit einem Gehalt von maximal 348 mg Kupfer/kg Leber-Frischmasse würde ein Verbraucher wöchentlich 44 µg Kupfer/kg Körpergewicht aufnehmen und damit die maximal tolerable wöchentliche Aufnahmemenge (PMTWI) von 0,35 bis 3,5 mg/kg Körpergewicht zu 1,25 bis 12,5 % ausschöpfen. Ein gesundheitliches Risiko für den Verbraucher mit mittlerem Verzehr ist bei einem solchen Befund nicht zu erwarten.

Nach den Daten der NVS II für den Verzehr von Leber (Schwein, Rind, Kalb, Schaf/Lamm) betrug das 95. Perzentil aller Befragten für die Langzeitaufnahme 0,092 g Leber pro kg Körpergewicht und Tag. Dementsprechend wäre beim Verzehr von Schweineleber mit einem Höchstgehalt von 300 mg/kg die tolerable tägliche Aufnahmemenge (PMTDI) für Kupfer (0,05 bis 0,5 mg/kg) zu 0,79 bis 7,9 % ausgeschöpft.

Im EFSA-Modell PRIMo (EFSA, 2008) sind deutsche Kinder als die Konsumentengruppe mit dem höchsten Verzehr von Honig relativ zum Körpergewicht ausgewiesen. Die Verzehrsdaten entsprechen den Daten der VELS-Studie für deutsche Kinder im Alter von 2 bis unter 5 Jahren. Der Maximalwert für Honigverzehr liegt bei 1,37 g/kg Körpergewicht und Tag und somit bei 22,1 g Honig/Tag bei einer Körpermasse von 16,15 kg.

Bei einem Maximalgehalt von 0,467 mg Kupfer/kg Honig würde ein Kind mit einem Verzehr von 22,1 g Honig/Tag eine tägliche Kupfermenge von 10,32 µg, entsprechend 0,64 µg/kg Körpergewicht aufnehmen und durch den Verzehr von Honig den PMTDI von 0,05 bis 0,5 mg/kg Körpergewicht zu 0,128 bis 1,28 % ausschöpfen.

Die Wahrscheinlichkeit eines gesundheitlichen Risikos von Kindern durch den Verzehr von Honig mit einem maximalen Kupfergehalt von 0,467 mg/kg ist auch bei dieser fast 50-fachen Überschreitung des zulässigen Höchstgehalts von 0,01 mg/kg auszuschließen.

Element Cadmium

Im Rahmen des NRKP wurden im Jahre 2012 insgesamt 2.257 Proben auf **Cadmium** untersucht. Davon waren 35 positiv (1,6 %).

Cadmium ist in Lebensmitteln unerwünscht, weil es die Gesundheit des Verbrauchers schädigen kann. Für die toxikologische Bewertung von Cadmium-Rückständen wurde der von der Europäischen Behörde für Lebensmittelsicherheit (EFSA, 2009) festgelegte Wert für die tolerable wöchentliche Aufnahmemenge (TWI, Tolerable Weekly Intake) von 2,5 µg pro kg Körpergewicht herangezogen. Das Joint FAO/WHO Expert Committee on Food Additives (JECFA) veröffentlichte ebenfalls Ergebnisse einer Neubewertung des bisher für die gesundheitliche Bewertung herangezogenen Grenzwertes (TWI) für Cadmium in Höhe von 7 µg/kg Körpergewicht und Woche (FAO/WHO, 2011a). Die Kalkulation des JECFA resultierte in einem Wert für die tolerable wöchentliche Aufnahme von 5,8 µg/kg Körpergewicht. Derzeit gibt es folglich zwei unterschiedliche Werte für die tolerable Cadmium-Aufnahmemenge, wobei der Wert der EFSA um einen Faktor von 2,3 niedriger ist als der Wert der JECFA.

Die Cadmium-Absorption über den Verdauungstrakt ist bei landwirtschaftlichen Nutztieren im Allgemeinen niedrig. Sie ist bei jungen Tieren höher als bei erwachsenen Tieren und kann zudem von verschiedenen Futterinhaltsstoffen beeinflusst werden. Rind, Schaf und Schwein absorbieren – wie alle Säugetiere – Cadmium sowohl über den Magen-Darm-Trakt als auch über die Lunge. Oral aufgenommenes Cadmium wird zu Anteilen zwischen 2 % und etwa 20 % absorbiert, wobei für den Wiederkäuer Werte von 11 % bzw. 18 % ermittelt wurden (Dorn, 1979). Beim Rind werden mehr als 70 % des oral zugeführten Cadmiums in den ersten 5 Tagen nach einer Einzelapplikation wieder ausgeschieden.

Der Gehalt an Cadmium in verschiedenen Geweben bzw. Organen des Tierkörpers ist nicht allein eine Funktion der absorbierten Anteile, sondern folgt auch einem ausgeprägten Gewebetropismus dieses Elements bzw. seiner biologischen Komplexe. Mit radioaktivem Cadmium (als Cadmiumchlorid) wurden etwa folgende Verteilungen im Rind ermittelt: 51 % der Dosis in der Leber, 24 % in den Nieren, jeweils 2 bis 3 % in Muskulatur, Knochen und Haut, etwa 4 bis 5 % im Magen-Darm-Trakt (Heeschen und Blüthgen, 1986). Andere Autoren sehen das Verhältnis der in Leber und Nieren retinierten Cadmiumanteile umgekehrt (Vemmer, 1986). Nach einer Literaturauswertung scheinen sich die mittleren Cadmiumgehalte in der Leber bei Rindern auf Werte unter 0,4 mg/kg Frischmasse (FM) zu belaufen, in der Niere auf Werte unter 1 mg/kg FM und in der Muskulatur auf solche unter 0,05 mg/kg FM (Kreuzer, 1973).

Für die Höhe der Gehaltswerte ist die Dauer der Exposition bzw. die Zeitspanne zwischen letzter Exposition des Tieres und der Untersuchung der betreffenden Gewebe von entscheidender Bedeutung. Auf Grund der langen biologischen Halbwertzeit nehmen die Cadmiumgehalte in Leber und Niere mit dem Alter zu.

Es wurden die Proben von 29 Kälbern, 187 Rindern und 92 Kühen auf Cadmium untersucht. Von den untersuchten Kalbsproben lag keine über dem zulässigen Höchstgehalt. Bei den Rinderproben lagen 6 Nierenproben von 187 untersuchten Proben über dem Höchstgehalt (3,21 %). Bei den 92 untersuchten Kühen wurde bei 5 Proben von Nieren eine Überschreitung des Höchstgehalts festgestellt (5,43 %).

Für das Lebensmittel Rinderniere liegen keine Verzehrsdaten vor. Deshalb wird mit den Angaben über die monatlichen Verzehrsmengen für Säugernieren gerechnet. Säugernieren weisen allerdings nur einen geringen Verzehreranteil (3 %) auf und spiegeln deshalb nicht den Durchschnittsverzehr der Gesamtbevölkerung wider. Bei einem mittleren wöchentlichen Verzehr von 0,133 g Rinderniere (NVS II) pro kg Körpergewicht, welche den höchsten der bei Rindern ermittelten Cadmiumgehalte von 2,7 mg Cadmium/kg Nieren-Frischmasse aufweist, errechnet sich eine wöchentliche Gesamtaufnahme von 0,36 µg Cadmium/kg Körpergewicht. Dies entspricht einer Ausschöpfung des PTWI zu 14,4 %.

Bei insgesamt 308 Rindern, die auf chemische Elemente im Rahmen des NRKP untersucht worden sind, wurden nur in 11 Proben Cadmiumgehalte in Nieren nachgewiesen, deren Werte den zulässigen Höchstgehalt von 1 mg/kg Frischgewicht überschritten. Von diesen wiederum wiesen nur 2 Proben einen relativ hohen Gehalt an Cadmium auf (2,6 bzw. 2,7 mg Cadmium/kg). Daher kann für den kleinen Teil der Bevölkerung, der regelmäßig Rinderniere verzehrt, geschlussfolgert werden, dass die Wahrscheinlichkeit einer gesundheitlichen Beeinträchtigung gering ist. Aus Sicht des gesundheitlichen Verbraucherschutzes ist in diesem Zusammenhang von Bedeutung, dass die Probenahme im Rahmen des Rückstandskontrollplans zielorientiert erfolgt. Der NRKP ist also nicht auf die Erzielung statistisch repräsentativer Daten ausgerichtet.

Insgesamt wurden 1.485 Proben von Schweinen auf Cadmium untersucht. Dabei wiesen 13 Proben von Nieren (0,9 %) Cadmiumgehalte zwischen 1,06 mg/kg und 2,01 mg/kg auf und lagen damit oberhalb des zulässigen Höchstgehaltes von 1,0 mg/kg Frischgewicht für Nieren. Eine Leberprobe eines Schweins überschritt den zulässigen Höchstgehalt von 0,5 mg Cadmium/kg Frischgewicht mit einem Wert von 0,8 mg/kg.

Grundsätzlich kann bei Schweinen – wie bei den Wiederkäuern – von einer vergleichsweise geringen enteralen Absorptionsrate (<0,5 bis 3 %) und einer ausgeprägten dosis- und zeitabhängigen Kumulation von Cadmium in der Niere ausgegangen werden. Die Cadmiumgehalte in der Niere erreichen in Abhängigkeit von der Zeit dabei höhere Werte als die mittleren Cadmiumgehalte der verabreichten Futtermischung (Vemmer und Petersen, 1978). Zwischen dem mittleren Cadmiumgehalt in der Futterration und den mittleren Gehalten an Cadmium in der Niere besteht eine nahezu lineare Abhängigkeit. Es kann somit angenommen werden, dass es sich bei dem ermittelten Maximalwert von 2,01 mg Cadmium/kg Frischgewicht in der Niere entweder um die Probe eines vergleichsweise alten Tieres gehandelt haben muss und/oder um ein Schwein, welches einer ungewöhnlich hohen Cadmium-Aufnahme über das Futter ausgesetzt war. In diesem Zusammenhang muss auch die Möglichkeit der Aufnahme kontaminierten Bodens in Betracht gezogen werden. Bekannt ist, dass bei Schweinen, die in Ausläufen oder im Freien gehalten werden, die Aufnahme an (kontaminiertem) Boden beträchtlich ist und Werte bis zu 8 % bezogen auf die tägliche Trockenmasseaufnahme erreichen kann (Fries et al., 1982).

Schweinenieren werden generell nur sehr selten verzehrt. Die Schätzungen des üblichen Schweinenieren-Verzehrs auf Basis der NVS II-Daten sind sehr unsicher und können für den üblichen Verzehrer zu einer Überschätzung oder aber für spezielle Bevölkerungsgruppen mit regelmäßigem Verzehr zu einer Unterschätzung der tatsächlichen Cadmiumbelastung führen.

Die mittlere Verzehrsmenge der Verzehrer von Säugernieren (Verzehreranteil 3 %) liegt nach der NVS II bei wöchentlich 0,133 g/kg Körpergewicht. Bei einem Gehalt an Cadmium von 2,01 mg/kg Schweineniere würde der Verbraucher wöchentlich 0,27 µg/kg Körpergewicht, entsprechend einer Ausschöpfung des TWI (tolerable wöchentliche Aufnahmemenge) von 10,7 % aufnehmen. Bei einem Vielverzehrer von Nieren mit einem täglichen Verzehr von 0,078 g/kg Körpergewicht (95. Perzentil nach der NVS II), was einem wöchentlichen Verzehr von 0,546 g/kg entspricht, läge die Ausschöpfung des TWI bei 43,9 %.

Der mittlere wöchentliche Verzehr von Schweineleber ist laut NVS II nur unwesentlich höher und wird für Vielverzehrer mit 0,644 g angenommen. Beim Verzehr von 0,644 g Schweineleber mit einem Gehalt von 0,8 mg Cadmium/kg Leber-Frischgewicht würde ein Verbraucher 0,52 µg Cadmium/Woche aufnehmen und damit den TWI-Wert zu 20,6 % ausschöpfen.

Bei Höchstmengenregelungen für Schwermetalle in (Futter- und) Lebensmitteln steht nicht die akute Vergiftungsgefahr als Gefährdungspotenzial im Mittelpunkt der Betrachtung, sondern vielmehr die tägliche Aufnahme geringer Dosen über vergleichsweise lange Zeiträume. Als Maßnahmen für den gesundheitlichen Verbraucherschutz leiten sich daraus neben der Festsetzung von Höchstgehalten die Einhaltung von Qualitätsparametern bei Produktion, Transport, Lagerung und Weiterverarbeitung sowie die Aufklärung des Verbrauchers ab. Das Ziel besteht darin, eine Senkung der Schwermetallkontamination in den (Futter- und) Lebensmitteln auf das niedrigste, technisch erreichbare Niveau zu erzielen. Da ein vollständiger Schutz vor schädlichen Einflüssen durch die Aufnahme von Cadmium, Blei und Quecksilber über Lebensmittel tierischen Ursprungs nicht möglich ist, muss das verbleibende gesundheitliche Restrisiko minimiert werden.

Insgesamt wurden 31 Proben von Schafen auf Umweltkontaminanten untersucht. Dabei wiesen die Proben von Nieren zweier Mastlämmer (6,5 %) einen Cadmiumgehalt von 1,88 bzw. 3,82 mg/kg auf und lagen damit oberhalb des zulässigen Höchstgehaltes von 1,0 mg/kg Frischgewicht. Da der Verzehreranteil von Säugernieren

in Deutschland bei 3 % liegt und nach der NVS II von einer mittleren Verzehrsmenge dieser Gruppe von wöchentlich 0,133 g/kg Körpergewicht auszugehen ist, würde der Verbraucher bei einem Cadmiumgehalt von 3,82 mg/kg wöchentlich 0,51 µg Cadmium/kg Körpergewicht aufnehmen, entsprechend einer Ausschöpfung des TWI von 20,2 %.

Wiederkäuer und Pferde nehmen während ihrer gesamten Lebensdauer Cadmium sowohl mit dem Grundfutter (Weidegras/Heu, Silagen) als auch über die direkte Aufnahme von Boden(partikeln) auf. In bestimmten Regionen kann dies zu einer unerwünschten Cadmiumakkumulation in den Nieren führen.

Bei allen lebensmittelliefernden Tieren ist die Niere dasjenige Organ, in dem die Akkumulation von Cadmium zuerst Gehalte erreicht, die die zulässigen Höchstgehalte für Kontaminanten in Lebensmitteln überschreiten. Neuere Kalkulationen auf der Basis von Meta-Analysen von entsprechenden Fütterungsversuchen kommen zu dem Schluss, dass die Cadmiumgehalte in den Nieren von Schafen schon nach 130 Fütterungstagen die zulässigen Höchstgehalte überschreiten, wenn den Tieren Futterrationen verabreicht werden, deren Cadmiumgehalte die zulässigen Höchstgehalte nicht überschreiten (Prankel et al., 2004; Prankel et al., 2005).

Ein gesundheitliches Risiko für den Verbraucher ist immer von der Exposition abhängig. Entscheidend ist, wie oft und wie lange der Verbraucher welche Menge an Umweltkontaminanten wie z. B. Cadmium, Quecksilber oder Blei mit den Lebensmitteln aufnimmt bzw. aufgenommen hat. Grundsätzlich gilt: Ohne Exposition kein gesundheitliches Risiko.

Aus dem Expositionsszenario lässt sich ableiten, dass aus dem gelegentlichen Verzehr von Schlachtnebenprodukten, insbesondere von Nieren, die Gehalte an Umweltkontaminanten wie Cadmium, Quecksilber oder Blei aufweisen, welche die lebensmittelrechtlich zulässigen Höchstgehalte maßvoll überschreiten, ein unmittelbares gesundheitliches Risiko für den Verbraucher nicht resultiert. Dennoch sollten Verbraucher wegen der Bioakkumulation einiger Schwermetalle im Organismus des Menschen grundsätzlich so wenig Cadmium wie möglich mit der Nahrung aufnehmen.

Bei 4 von 9 (44,4 %) untersuchten Proben von Pferden wurden Cadmiumgehalte in Lebern nachgewiesen, die über dem zulässigen Höchstgehalt von 0,5 mg/kg lagen. Bei ihnen wurden Werte zwischen 1,44 und 14,9 mg/kg festgestellt. Des Weiteren wurden bei 4 von 9 (44,4 %) untersuchten Pferdeproben Cadmiumgehalte in den Nieren gemessen, die mit Werten von 28,54 bis 97,6 mg/kg über dem zulässigen Höchstgehalt lagen.

Der Cadmiumgehalt in der Muskulatur eines Pferdes lag bei 0,46 mg/kg (Höchstgehalt: 0,2 mg/kg).

Pferde nehmen Cadmium ebenso wie die anderen landwirtschaftlichen Nutztiere vor allem mit dem Futter auf. Da sie meist mit Grundfuttermitteln (Heu/Stroh) gefüttert werden, die am Standort bzw. in der Region erzeugt wurden, kommt dem Cadmiumgehalt in den einzelnen Organen bzw. Körpergeweben eine Indikatorfunktion zu.

Untersuchungen zum stoffwechselkinetischen Verhalten sowie kontrollierte Fütterungsversuche, mithilfe derer Dosis-Wirkungsbeziehungen hinsichtlich der Cadmium-Akkumulation in Leber und Niere hergeleitet werden können, fehlen weitgehend.

Das Stoffwechselverhalten von Cadmium bei Pferden unterscheidet sich von dem der anderen landwirtschaftlichen Nutztiere. Verglichen mit Gehaltswerten von Wiederkäuern und Schweinen zeigen Untersuchungen an Schlachtpferden, dass die Cadmiumgehalte in Niere, Leber und Muskulatur oftmals auf einem wesentlich höheren Niveau liegen. Pferde scheinen über ein ausgeprägtes Anreicherungsvermögen gegenüber Cadmium zu verfügen, dass sich nicht allein durch eine altersbedingte Akkumulation oder durch Unterschiede in Fütterung und Haltung erklären lässt (Schenkel, 1990).

Der Anteil derjenigen Verbraucher, die pferdefleischhaltige Lebensmittel verzehren, ist in Deutschland sehr gering und liegt bei etwa 0,3 % der gesamten Bevölkerung. Bei einem mittleren Verzehr (bezogen auf die Verzehrer) von 0,088 g Pferdefleisch/kg Körpergewicht und Tag lässt sich für diese Verbrauchergruppe eine wöchentliche Cadmium-Aufnahme infolge des Verzehrs von Pferdefleisch mit einem Cadmiumgehalt von 0,46 mg/kg eine Aufnahme von 0,28 µg Cadmium/kg Körpergewicht kalkulieren (worst case-Annahme). Dies entspräche einer Ausschöpfung des TWI von 11,3 %. Leber und Nieren von Pferden werden von Verbrauchern in Deutschland nach Untersuchungen im Rahmen der NVS II nicht verzehrt, daher haben die festgestellten Höchstmengenüberschreitungen der beprobten Lebern und Nieren keine Bedeutung.

Element Blei

Im Jahr 2012 wurden im Rahmen des Nationalen Rückstandskontrollplanes 2.257 Proben auf **Blei** analysiert. Davon war eine Probe positiv.

Die über Jahrzehnte zur toxikologischen Bewertung herangezogene vorläufige tolerable wöchentliche Aufnahmemenge für Blei von 25 µg/kg Körpergewicht und Woche wurde im Jahr 2010 von der EFSA ausgesetzt (EFSA, 2010). Der Wert wurde als nicht mehr angemessen gesehen, um den Verbraucher ausreichend vor der Bleiexposition über Lebensmittel zu schützen. Die EFSA kam zu dem Schluss, dass für Blei keine Wirkungsschwelle vorhanden ist, d. h. es kann für Blei keine Aufnahmemenge abgeleitet werden, die als unbedenklich gilt. Von

der EFSA wurden drei empfindliche Endpunkte identifiziert. Bei Kindern steht die toxische Wirkung auf die Entwicklung des Nervensystems (Neurotoxizität) im Vordergrund. Bei Erwachsenen sind eine mögliche Nierenschädigung sowie Herz-Kreislauf-Effekte die relevanten toxikologischen Endpunkte. Für jeden dieser Endpunkte wurde ein Referenzbereich der Blutbleigehalte abgeleitet, bei dessen Überschreitung gesundheitliche Effekte nicht ausgeschlossen werden können.

Von den 31 Proben von Schafen/Ziegen, die auf das Element Blei untersucht wurden, wies lediglich eine beprobte Leber eines Mastlammes eine Überschreitung des Höchstgehaltes von 0,50 mg/kg Frischgewicht für Nebenprodukte der Schlachtung von Rindern laut Verordnung (EG) Nr. 1881/2006 auf. Der gemessene Wert in der Leber des Mastlammes betrug 1,04 mg/kg.

Blei weist eine ausgeprägte dosis- und altersabhängige Affinität zu einzelnen Organen bzw. Schlachtnebenprodukten auf. Beim Wiederkäuer kann Blei sowohl in Nieren- und Lebergewebe als auch im Knochengewebe akkumulieren und dort zu messbaren Rückständen führen. Das Alter der untersuchten Tiere wurde nicht berichtet. Nach den Grundsätzen der Probenplanung des NRKP sollte die Hälfte der Proben von Rindern, Schafen und Schweinen bei über 2 Jahre alten Tieren entnommen werden. Die Aufnahme von Blei ist bei Nutztieren hauptsächlich auf die Zufuhr über das Futter bzw. Tränkwasser zurückzuführen. So nimmt die Exposition der Tiere gegenüber Blei insbesondere dann zu, wenn (Grund- bzw. Halm-) Futtermittel bedeutende Mengen kontaminierter Erde enthalten. Rinder und Schafe gelten als empfindlichste Tierarten gegenüber den toxischen Wirkungen von Blei.

Element Quecksilber

Für Cadmium, Blei und Quecksilber existieren europaweit verbindliche Höchstgehalte für verschiedene Lebensmittel, die zusammen mit Höchstgehalten anderer Kontaminanten in der Verordnung (EG) Nr. 1881/2006 festgelegt sind. Für **Quecksilber** sind darin allerdings lediglich Höchstmengen für Fisch und Fischereierzeugnisse aufgeführt. In der Verordnung (EG) Nr. 396/2005 über Höchstgehalte für Pestizidrückstände in oder auf Lebens- und Futtermitteln pflanzlichen und tierischen Ursprungs wird für Quecksilber – auch für tierische Lebensmittel wie Fleisch und Innereien – ein allgemeiner Höchstgehalt von 0,01 mg/kg festgelegt.

Für anorganisches Quecksilber von anderen Lebensmitteln als von Fisch hat das Joint FAO/WHO Expert Committee on Food Additives (JECFA) eine lebenslang tolerable wöchentliche Aufnahmemenge (PTWI) für den Menschen von 4,0 µg/kg Körpergewicht abgeleitet (FAO/WHO, 2011b).

Im Jahr 2012 wurden im Rahmen des NRKP 2.205 Proben auf Quecksilber analysiert. Davon waren 186 positiv (8,4 %). Im Rahmen des EÜP 2012 wurden insgesamt 228 Proben auf Quecksilber getestet. Bei 5 von 189 Proben (2 %) „sonstige Fische" wurde der Höchstgehalte für Quecksilber überschritten. Auch bei einer untersuchten Ente wurde ein erhöhter Quecksilbergehalt gefunden.

Von 1.485 untersuchten Schweinen wurden in 90 Nierenproben (6,1 %) Quecksilbergehalte von 0,01 mg/kg bis 0,27 mg/kg und in 38 Leberproben (2,6 %) Gehalte von 0,01 mg/kg bis 0,63 mg/kg gemessen.

Bei 3 von 187 untersuchten Mastrindern (1,6 %) und 10 von 92 Kühen (10,9 %) wurden in der Niere Quecksilbergehalte nachgewiesen, deren Werte geringgradig über dem zulässigen Höchstgehalt von 0,01 mg/kg lagen. Der maximal gemessene Gehalt für Quecksilber in der Niere lag bei 0,42 mg/kg. Bei den 29 untersuchten Kälbern kam es zu keinen Überschreitungen des Höchstgehalts.

Bei den 31 untersuchten Schafen/Ziegen wiesen lediglich die Probe der Niere eines Mastlammes sowie die Probe einer Leber eines Mastlammes mit Werten von 0,057 bzw. 0,023 mg/kg Überschreitungen des Höchstgehaltes für Quecksilber von 0,01 mg/kg in diesen Organen auf.

Von insgesamt 94 untersuchten Proben von Wildtieren lagen die Leberwerte von 24 Wildschweinen (25,5 %) in einem Bereich von 0,011 mg/kg bis 0,082 mg/kg sowie die Nierenwerte von 6 Wildschweinen (6,4 %) in einem Bereich von 0,012 mg/kg bis 0,15 mg/kg. Darüber hinaus wiesen drei Nieren von Damwild Quecksilbergehalte über dem Höchstgehalt von 0,01 mg/kg auf.

Des Weiteren traten einzelne Höchstgehaltsüberschreitungen bei Lebern und Nieren von anderen Tierarten auf. So lagen bei 3 von 9 untersuchten Pferdeproben (33,3 %) die Quecksilbergehalte in den Nieren in einem Bereich von 0,035 mg/kg bis 0,34 mg/kg. In einer Pferdeleber wurde mit einem Wert von 0,032 mg/kg ein Gehalt oberhalb des zulässigen Höchstgehalts von 0,01 mg/kg gemessen. Lediglich bei einer untersuchten Ente lag der Quecksilbergehalt im Muskelfleisch über dem zulässigen Höchstgehalt für Muskelfleisch von 0,01 mg/kg. Der gemessene Wert betrug 0,021 mg/kg.

Bei 5 von 189 untersuchten Fischen (2 %) lagen die Quecksilbergehalte im Muskelfleisch über dem zulässigen Höchstgehalt für Quecksilber von 0,5 mg/kg (Verordnung (EG) Nr. 1881/2006). Die gemessenen Werte lagen in einem Bereich von 1,4 bis 2,33 mg/kg.

Quecksilber ist eine Umweltkontaminante, die in verschiedenen chemischen Verbindungen vorkommt. Die unterschiedlichen Bindungsformen unterscheiden sich sowohl hinsichtlich ihres stoffwechselkinetischen Verhaltens als auch ihrer toxischen Wirkung. Anorganische Quecksilberverbindungen in Lebensmitteln sind weitaus weniger toxisch als organisches Methylquecksilber, das vor allem in Fischen und Meeresfrüchten enthalten ist.

Im Vergleich zu anorganischem Quecksilber wird Quecksilber in organischer Bindung zu einem höheren Anteil enteral absorbiert und weist eine deutlich längere biologische Halbwertzeit auf. Die Absorption wird bei Wiederkäuern mit 60 bis 70 % der aufgenommenen Menge angegeben. Die Ausscheidung erfolgt vor allem über den Kot. Im Organismus liegen die Quecksilbergehalte in Leber und Niere meist deutlich über denjenigen in der Muskulatur.

Da der Einsatz von Fischmehl in der Fütterung von Rindern, Schafen und Schweinen aufgrund futtermittelrechtlicher Restriktionen im Zusammenhang mit Vorschriften zur Verhütung, Kontrolle und Tilgung bestimmter transmissibler spongiformer Enzephalopathien (TSE) seit Jahren verboten bzw. extrem eingeschränkt und nur in Ausnahmesituationen erlaubt ist, kann davon ausgegangen werden, dass es sich bei den vorliegenden Befunden derjenigen Proben von Nieren und Lebern, die als positiv beanstandet wurden, um Effekte einer umweltbedingten Kontamination von Futtermitteln ausschließlich mit anorganischen Quecksilberverbindungen handelt. Die teilweise besonders hohen Quecksilberkonzentrationen in einzelnen Nieren- und Leberproben können nen möglicherweise von älteren Tieren (älter als 2 Jahre) stammen. Diese wären nach der Verordnung (EG) Nr. 854/2004 mit besonderen Vorschriften für die amtliche Überwachung von zum menschlichen Verzehr bestimmten Erzeugnissen tierischen Ursprungs, Artikel 5 Nr. 3e in Verbindung mit Anhang I Abschnitt II Kapitel V Nr. 1k, als genussuntauglich zu erklären, wenn die Tiere aus Regionen stammen, in denen bei der Durchführung von Rückstandskontrollplänen gemäß der Richtlinie 96/23/EG festgestellt wurde, dass die Umwelt allgemein mit Schwermetallen belastet ist.

Auf Grund der Tatsache, dass im Organismus die Quecksilbergehalte in Leber und Niere immer deutlich über denjenigen in der Muskulatur liegen, ist beim Verzehr von Rindfleisch und Rindfleischprodukten ein gesundheitliches Risiko infolge der Aufnahme von Quecksilber nicht zu erwarten.

Die gesundheitliche Bewertung der Gehalte an Quecksilber in Schlachtnebenprodukten von Mastrindern und Kühen trifft im Wesentlichen auch auf die Bedingungen bei Mastschweinen zu. Es kann davon ausgegangen werden, dass auffällige Befunde ausschließlich Effekte umweltbedingter Kontaminationen mit anorganischen Quecksilberverbindungen darstellen. In Analogie zu der gesundheitlichen Bewertung von Quecksilber in verzehrbaren Geweben von Rindern ist die Wahrscheinlichkeit, dass dem Verbraucher aus dem Verzehr der untersuchten Organe und Körpergewebe von Mastschweinen ein gesundheitliches Risiko erwächst, unwahrscheinlich.

Ausführungen und Schlussfolgerungen, wie sie bei der gesundheitlichen Bewertung des Cadmiums insbesondere im Zusammenhang mit den Problemfeldern Expositionsschätzung und Ermittlung von Verzehrsdaten von in geringem Umfang verzehrten Lebensmitteln vorgenommen wurden, können auf die Bedingungen für Quecksilber bei Schweinen sowie allen anderen lebensmittelliefernden Säugern und Vögeln übertragen werden.

Aus dem maximal analysierten Quecksilbergehalt in der Niere eines Rindes von 0,042 mg/kg und einer mittleren wöchentlichen Verzehrsmenge an Nieren von 0,133 g Niere/kg Körpergewicht ergibt eine modellhafte Kalkulation eine mittlere wöchentliche Quecksilberaufnahme von 0,0056 µg/kg Körpergewicht. Dieser Wert entspricht einer Ausschöpfung des PTWI von 0,14 %. Daher ist die Wahrscheinlichkeit sehr gering, dass aus dem Verzehr von Rinderleber und Rindernieren, welche Quecksilbergehalte wie oben ausgewiesen aufweisen, eine gesundheitliche Beeinträchtigung des Verbrauchers resultiert.

In Analogie zu den Befunden bei den Rindern würde sich für den Vielverzehrer (0,078 g/kg Körpergewicht/Tag) aus dem maximal bei Schweinen analysierten Quecksilbergehalt in der Niere (0,27 mg/kg) eine Ausschöpfung des PTWI von 3,7 % ergeben. Die Wahrscheinlichkeit eines gesundheitlichen Risikos aufgrund der Quecksilbergehalte in den untersuchten Organen und Körpergeweben von Schweinen ist somit auszuschließen.

Der mittlere wöchentliche Verzehr von Schweineleber ist lt. NVS II nur unwesentlich höher und wird für Vielverzehrer mit 0,644 g angenommen. Beim Verzehr von 0,644 g Schweineleber mit einem Gehalt von 0,63 mg Quecksilber pro kg Leber-Frischgewicht würde ein Verbraucher 0,41 µg Quecksilber pro Woche aufnehmen und damit die duldbare wöchentliche Aufnahmemenge (PTWI) zu 10,1 % ausschöpfen.

Farbstoffe (Gruppe B3e)
In Nahrungsmitteln tierischen Ursprungs dürfen keine Rückstände von **Malachitgrün** und **Leukomalachitgrün** enthalten sein. Eine Anwendung dieser Stoffe als Tierarzneimittel in Aquakulturen, die der Lebensmittelgewinnung dienen, ist nicht zulässig. Malachitgrün und Leukomalachitgrün sind in der Verordnung (EU) Nr. 37/2010 nicht genannt, daher ist der Einsatz bei lebensmittelliefernden Tieren nicht erlaubt.

Die vorliegenden toxikologischen Daten sind nicht ausreichend, einen ADI festzulegen (BfR, 2008). Das wissenschaftliche Gremium der EFSA für Lebensmittelzusatzstoffe, Verarbeitungshilfsstoffe und Materialien, die mit Lebensmitteln in Kontakt kommen, kam zu der Einschätzung, dass Malachitgrün und Leukomalachitgrün zur Gruppe der Farbstoffe gehören, die als genotoxisch und/oder karzinogen zu betrachten sind (AFC, 2005).

Der wissenschaftliche Ausschuss der EFSA empfiehlt die Verwendung des TTC-Konzepts (Treshold of Toxicological Concern) als nützliches Screening-Instrument bei der Risikobewertung von chemischen Stoffen. Auf Grundlage umfassender veröffentlichter Daten zur Toxizität geprüfter Chemikalien wurden generische Schwellenwerte für die menschliche Exposition gegenüber chemischen Substanzen „TTC-Werte" für Stoffgruppen ähnlicher chemischer Struktur und ähnlicher Toxizitätswahrscheinlichkeit festgelegt. Liegt die menschliche Exposition gegenüber einem Stoff unterhalb des jeweiligen TTC-Werts für seine Strukturklasse, geht man davon aus, dass die Wahrscheinlichkeit nachteiliger Auswirkungen sehr gering ist (EFSA, 2012). Für Substanzen, die ihrer Struktur nach genotoxische Eigenschaften wie Malachitgrün und Leukomalachitgrün besitzen, wurde für die Summe aus Leukomalachitgrün und Malachitgrün ein Schwellenwert von 0,15 µg/Person und Tag vorgeschlagen (EFSA, 2013).

Im Rahmen des NRKP 2012 wurden 282 Forellen aus Aquakulturen auf Rückstände von **Leukomalachitgrün** untersucht. Im Muskelfleisch von 3 Forellen wurde Leukomalachitgrün mit Konzentrationen von 1,05 bzw. 0,0026 mg/kg und 0,0077 mg/kg detektiert. In der letztgenannten Probe wurde zusätzlich **Gesamtmalachitgrün** mit 0,0077 mg/kg gemessen.

Für den Verzehr von Forellen betrug nach den Daten der NVS II das 95. Perzentil aller Befragten für die Langzeitaufnahme 0,150 g Fisch/kg Körpergewicht und Tag.

Wird zur Berechnung der Aufnahmemenge von Leukomalachitgrün die Forellenprobe von 0,0077 mg Leukomalachitgrün/kg zugrunde gelegt, würde ein Vielverzehrer (95. Perzentil aller Befragten der Gesamtbevölkerung) bei einem Verzehr von 0,150 g/kg Körpergewicht und Tag ca. 0,0012 µg Leukomalachitgrün/kg Körpergewicht und Tag aufnehmen. Unter Nutzung dieser Verbraucherexposition und des Schwellenwertes für genotoxische Substanzen von 0,0025 µg/kg Körpergewicht und Tag für die Summe von Malachitgrün und Leukomalachitgrün errechnet sich eine TTC-Wert-Ausschöpfung von 46,4 %. Da der TTC-Wert unterschritten wird, werden keine nachteiligen gesundheitlichen Wirkungen für den Verbraucher erwartet.

Wird dagegen zur Berechnung der Aufnahme von Malachitgrün die höchstbelastete Forellenprobe von 1,05 mg/kg herangezogen, würde ein Vielverzehrer (95. Perzentil aller Befragten der Gesamtbevölkerung) bei einem Verzehr von 0,150 g/kg Körpergewicht und

Tag ca. 0,1575 µg Leukomalachitgrün/kg Körpergewicht und Tag aufnehmen. Unter Nutzung dieser Verbraucherexposition und des Schwellenwertes für genotoxische Substanzen von 0,0025 µg/kg Körpergewicht und Tag für die Summe von Malachitgrün und Leukomalachitgrün errechnet sich eine TTC-Wert-Überschreitung um das 630-fache. Die Nachuntersuchung dieser Probe ergab, dass die restlichen im Betrieb vorhandenen Tiere und Erzeugnisse als ungeeignet für den menschlichen Verzehr eingestuft wurden. Alle Tiere wurden nach bestätigtem Befund illegaler Handlung getötet und unschädlich beseitigt (§ 41 Abs. 3 und Abs. 6 LFGB).

In der Muskulatur eines von 127 untersuchten Karpfen wurden 0,0105 mg Leukomalachitgrün/kg gefunden.

Für den Verzehr von Karpfen betrug nach den Daten der NVS II das 95. Perzentil aller Verzehrer für die Langzeitaufnahme 0,343 g Fisch/kg Körpergewicht und Tag. Bei einem Befund von 0,0105 mg Leukomalachitgrün/kg nimmt der Verbraucher 0,0036 µg LMG/kg Körpergewicht und Tag auf. Unter Berücksichtigung des Schwellenwertes für genotoxische Substanzen von 0,0025 µg/kg Körpergewicht und Tag für Malachitgrün und Leukomalachitgrün errechnet sich eine TTC-Wert-Überschreitung um das 1,4-fache (144 %). Da die erhobenen Daten für die Verzehrsmengen von Karpfen nicht dem Durchschnittsverzehr der Gesamtbevölkerung entsprechen, ist davon auszugehen, dass der Verzehr von Karpfen weitaus geringer ist als angegeben und somit das Risiko einer gesundheitlichen Beeinträchtigung als sehr geringfügig zu bewerten ist.

Das Risiko einer gesundheitlichen Beeinträchtigung aufgrund des eher seltenen Verzehrs von Forelle und Karpfen mit den hier berichteten Rückständen von Leukomalachitgrün ist als sehr geringfügig zu bewerten, da die Überschreitung auf Einzelbefunde zurückzuführen ist. Allerdings werden diese Stoffe auch vermehrt in Teichsediment gefunden, weshalb mit weiteren Positivbefunden zu rechnen ist.

Leukokristallviolett, der Hauptmetabolit von Kristallviolett, wurde in einer Forellenprobe mit 1,8 µg/kg nachgewiesen. Kristallviolett ist in der Verordnung (EU) Nr. 37/2010 nicht genannt, daher ist der Einsatz bei lebensmittelliefernden Tieren nicht erlaubt. Bedingt durch die strukturelle Verwandtschaft zu Malachitgrn besitzt Kristallviolett ähnliche Eigenschaften. Es wird rasch absorbiert und zur Leukoform reduziert. Leukokristallviolett wird nur langsam aus dem Muskelgewebe abgebaut. Schuetze et al. (2008) publizierten, dass in Aalen aus kommunalen Abwasserkläranlagen Konzentrationen von Leukokristallviolett von 6,7 µg/kg im Frischgewicht gefunden wurden.

Zur Langzeittoxizität von Kristallviolett sind nur sehr wenige Daten vorhanden. In vitro Studien haben gezeigt, dass Kristallviolett mutagene und klastogene Eigenschaften besitzt (Ai-doo et al., 1990). Kristallviolett, auch Gentianviolett genannt, ist wahrscheinlich genotoxisch und karzinogen. Da keine ausreichenden toxikologischen Daten vorliegen, kann keine Bewertung vorgenommen werden (Diamante et al., 2009).

Aufgrund des kanzerogenen und mutagenen Potentials von Kristallviolett bzw. Leukokristallviolett sollen Rückstände in Lebensmitteln auch in geringen Konzentrationen vermieden werden. Aufgrund des Einzelbefunds kann jedoch nicht auf eine unmittelbare Gesundheitsgefährdung geschlossen werden.

Sonstige Stoffe (Gruppe B3f)

Für die toxikologische Bewertung von Rückständen von **N,N-Diethyl-m-toluamid (DEET)** wurden die Grenzwerte verwendet, die das BfR im Kontext seiner Stellungnahme zur Bewertung von DEET-Rückständen in Pfifferlingen im Jahr 2009 veröffentlicht hat (BfR, 2009). Diese stützte sich wiederum auf die Bewertung des zuständigen Mitgliedstaates Schweden im Rahmen der EU-Wirkstoffprüfung für Biozide. Demnach können Aufnahmemengen von DEET von bis zu 0,75 mg/kg Körpergewicht und Tag als gesundheitlich unbedenklich angesehen werden.

In insgesamt 2 von 119 Honigproben wurden DEET-Rückstände in Höhe von 0,018 mg/kg bzw. 0,04 mg/kg gefunden. In weiteren 1.518 Proben von Erzeugnissen tierischen Ursprungs wurde DEET nicht detektiert.

Bewertung des chronisches Risikos: Selbst unter der sehr konservativen Annahme, dass Honig generell mit DEET-Rückständen in Höhe von 0,04 mg/kg belastet ist, wird nur ein Bruchteil der als akzeptabel angesehenen täglichen Aufnahmemenge von 0,75 mg/kg Körpergewicht und Tag erreicht: mit den im EFSA PRIMo enthaltenen Verzehrsdaten europäischer Konsumentengruppen maximal 0,0005 % (kritischster Fall: deutsche Kinder, „DE child"). Das gleiche Ergebnis wird mit dem nationalen NVS II-Modell errechnet.

Bewertung des akutes Risikos: Der höchste Kurzzeitverzehr (large portion) von Honig wird im EFSA PRIMo für deutsche Kinder (mittleres Körpergewicht: 16,15 kg) ausgewiesen, wobei die kurzzeitig, d. h. an einem Tag aufgenommene Menge bei einer DEET-Konzentration von 0,04 mg/kg nur 0,007 % der als akzeptabel angesehenen täglichen Aufnahmemenge von 0,75 mg/kg Körpergewicht/Tag entspricht. Mit dem deutschen Verzehrsmodell (NVS II) wird für den genannten Rückstand derselbe Wert errechnet.

Es gibt somit keine Hinweise auf ein akutes oder chronisches Risiko für deutsche oder europäische Verbraucher durch den Verzehr von Honig, der DEET in einer Konzentration von bis zu 0,04 mg/kg enthält.

2.5   Zuständige Ministerien

Bund

Bundesministerium für Ernährung und Landwirtschaft
(BMEL)
Rochusstr. 1
53123 Bonn
poststelle@bmel.bund.de

Länder

Ministerium für Ländlichen Raum und Verbraucherschutz (MLR)
Kernerplatz 10
70182 Stuttgart
poststelle@mlr.bwl.de

Bayerisches Staatsministerium für Umwelt und Verbraucherschutz (StMUV)
Rosenkavalierplatz 2
81925 München
poststelle@stmug.bayern.de

Senatsverwaltung für Justiz und Verbraucherschutz
(SENGUV)
Salzburger Straße 21
10825 Berlin
poststelle@senjv.berlin.de

Ministerium für Umwelt, Gesundheit und Verbraucherschutz des Landes Brandenburg (MLUV)
Heinrich-Mann-Allee 103
14473 Potsdam
verbraucherschutz@mugv.brandenburg.de

Senatorin für Bildung, Wissenschaft und Gesundheit
Freie Hansestadt Bremen
Rembertiring 8 – 12
28195 Bremen
verbraucherschutz@Gesundheit.Bremen.de

Behörde für Gesundheit und Verbraucherschutz, Lebensmittelsicherheit und Veterinärwesen (BGV)
Billstraße 80
20539 Hamburg
gesundheit-verbraucherschutz@bgv.hamburg.de

Hessisches Ministerium für Umwelt, ländlichen Raum
und Verbraucherschutz (HMUELV)
Mainzer Str. 80
65186 Wiesbaden
poststelle@hmuelv.hessen.de

Ministerium für Landwirtschaft, Umwelt und Verbraucherschutz Mecklenburg-Vorpommern
Paulshöher Weg 1
19061 Schwerin
poststelle@lu.mv-regierung.de

Niedersächsisches Ministerium für Ernährung, Landwirtschaft und Verbraucherschutz
Calenberger Str. 2
30169 Hannover
poststellen@ml.niedersachsen.de

Landesamt für Natur, Umwelt und Verbraucherschutz
(LANUV)
Leibnizstraße 10
45659 Recklinghausen
poststelle@lanuv.nrw.de

Ministerium der Justiz und für Verbraucherschutz (MJV)
Ernst-Ludwig Str. 6 – 8
55116 Mainz
verbraucherschutz@mjv.rlp.de

Ministerium für Gesundheit und Verbraucherschutz des
Saarlandes (MGuV)
Ursulinenstraße 8 – 16
66111 Saarbrücken
veterinaerwesen@umwelt.saarland.de

Sächsisches Staatsministerium für Soziales und Verbraucherschutz
Albertstr. 10
01097 Dresden
poststelle@sms.sachsen.de

Ministerium für Arbeit und Soziales
Turmschanzenstr. 25
39114 Magdeburg
lebensmittel@ms.sachsen-anhalt.de

Ministerium für Energiewende, Landwirtschaft, Umwelt
und ländliche Räume Schleswig-Holstein
Mercatorstr. 3
24106 Kiel
veterinaerwesen@melur.landsh.de

Thüringer Ministerium für Soziales, Familie und Gesundheit (TMSFG)
Werner-Seelenbinder-Str. 6
99096 Erfurt
poststelle@tmsfg.thueringen.de

2.6 Zuständige Untersuchungsämter und akkreditierte Labore

Baden Württemberg
- Chemisches und Veterinäruntersuchungsamt Freiburg
- Chemisches und Veterinäruntersuchungsamt Karlsruhe

Bayern
- Bayerisches Landesamt für Gesundheit und Lebensmittelsicherheit Oberschleißheim
- Bayerisches Landesamt für Gesundheit und Lebensmittelsicherheit Erlangen

Berlin
- Landeslabor Berlin-Brandenburg, Laborbereich Frankfurt (Oder)

Brandenburg
- Landeslabor Berlin-Brandenburg, Laborbereich Frankfurt (Oder)

Bremen
- Landesuntersuchungsamt für Chemie, Hygiene und Veterinärmedizin

Hamburg
- Institut für Hygiene und Umwelt

Hessen
- Hessisches Landeslabor, Standort Kassel
- Hessisches Landeslabor, Standort Gießen
- Hessisches Landeslabor, Standort Wiesbaden

Mecklenburg-Vorpommern
- Landesamt für Landwirtschaft, Lebensmittelsicherheit und Fischerei Mecklenburg-Vorpommern

Niedersachsen
- Niedersächsisches Landesamt für Verbraucherschutz und Lebensmittelsicherheit
- Lebensmittel- und Veterinärinstitut Braunschweig/Hannover; Standort Hannover
- Lebensmittel- und Veterinärinstitut Oldenburg, Dienststelle Martin-Niemöller-Straße
- Lebensmittel- und Veterinärinstitut Oldenburg, Dienststelle Philosophenweg
- Institut für Fische und Fischereierzeugnisse Cuxhaven
- Rückstandskontrolldienst (als koordinierende Stelle für den Bereich NRKP)

Nordrhein-Westfalen
- Chemisches und Veterinäruntersuchungsamt Rhein-Ruhr-Wupper
- Chemisches und Veterinäruntersuchungsamt Münsterland-Emscher-Lippe
- Chemisches und Veterinäruntersuchungsamt Westfalen
- Chemisches und Veterinäruntersuchungsamt Ostwestfalen-Lippe

Rheinland-Pfalz
- Landesuntersuchungsamt Rheinland-Pfalz
- Institut für Lebensmittel tierischer Herkunft
- Institut für Lebensmittelchemie Speyer
- Institut für Lebensmittelchemie Trier

Saarland
- Landesamt für Verbraucherschutz (LAV) Abteilung D – Veterinärmedizinische, mikro- und molekularbiologische Untersuchungen
- Abteilung B (Lebensmittelchemische Untersuchungen)

Sachsen
- Landesuntersuchungsanstalt für das Gesundheits- und Veterinärwesen Sachsen

Sachsen Anhalt
- Landesamt für Verbraucherschutz Sachsen Anhalt

Schleswig-Holstein
- Landeslabor Schleswig-Holstein

Thüringen
- Thüringer Landesamt für Verbraucherschutz

2.7   Erläuterung der Fachbegriffe

akarizid
Ektoparasiten der Ordnung Acari (Milben, Zecken) tötend

anaerobe Bakterien
Bakterien, die ohne Sauerstoff leben

Androgene
männliche Sexualhormone, die die Entwicklung der männlichen Geschlechtsorgane, der sekundären männlichen Geschlechtsmerkmale (z. B. den typisch männlichen Körperbau), die Reifung der Samenzellen, den Geschlechtstrieb u. a. bewirken

Antiemetikum
Erbrechen hemmender Wirkstoff

Antihistaminitum
Wirkstoff, der durch Anbindung an die Histaminrezeptoren die Histaminwirkung abschwächt und damit antiallergisch, antiphlogistisch und Juckreiz mildernd wirkt

Antiphlogistisch
entzündliche Reaktionen hemmend

bakteriostatisch
das Wachstum von Bakterien hemmend

bakterizid
Bakterien tötend

Epimer
spezielle Isomerieart → siehe Isomer

fetotoxisch
Frucht (Fötus) schädigend

fungizid
Pilze abtötend

genotoxisch
das genetische Zellmaterial schädigend

Hormone
(im engeren Sinne) physiologische Stoffe, die in spezifischen Organen oder Zellverbänden (endokrine Drüsen) gebildet werden, dort in die Blutbahn abgegeben werden und am Erfolgsorgan eine charakteristische Beeinflussung vornehmen. Die Hormonproduktion unterliegt einem Regelkreis, dessen Steuerorgan der Hypothalamus im Zwischenhirn ist.

immunsuppressiv/immuntoxisch
die Immunreaktion unterdrückend

insektizid
Insekten tötend

Isomer
chemische Verbindungen mit gleicher Summenformel, die sich jedoch in der Verknüpfung und der räumlichen Anordnung der einzelnen Atome unterscheiden, was zu abweichenden Eigenschaften führen kann

karzinogen/kanzerogen
Krebs erzeugend

Leukopenie (Leukozytopenie)
Mangel an weißen Blutkörperchen (Leukozyten) im Blut. Ursache kann eine verminderte Bildung durch herabgesetzte Knochenmarkfunktion oder ein erhöhter Verbrauch sein.

Metaphylaxe
Therapie in größeren Tierherden, in denen bei Behandlungsnotwendigkeit haltungstechnikbedingt jedes Tier unabhängig von seiner Behandlungswürdigkeit erreicht wird (z. B. Medikamentengabe bei Geflügel über Futter oder Tränkwasser)

MRL
Maximum Residue Limit (Rückstandshöchstmenge)

mutagen
Mutationen (Erbgutveränderungen) hervorrufend

Neuroleptisch
antriebs- und aggressionsmindernd, Verminderung der motorischen Aktivität

nephrotoxisch
die Niere schädigend

neurotoxisch
Nervenfasern und -zellen schädigend

Oozyste
Entwicklungsstadium von Sporozoea (Unterordnung Coccidia)

parenterale Applikation
Verabreichung z. B. eines Medikamentes unter Umgehung des Magen-Darm-Trakts

primäre Geschlechtsmerkmale
geschlechtsspezifische angeborene Form und Anordnung der äußeren und inneren Geschlechtsorgane

Protozoen
tierische Einzeller

sekundäre Geschlechtsmerkmale
zum Zeitpunkt der Pubertät entwickelte geschlechtsspezifische Eigenschaften und Einrichtungen, wie z. B. Gesäuge, Löwenmähne, Geweih oder auch Sexualverhalten

Sporulation
Bildung von Sporozysten und Sporozoiten in Oozysten (Reifung der Oozysten)

Streptomyceten
Bakteriengattung der Actinobacteria. Es handelt sich um grampositive Keime, die offensichtlich keine krankmachende Wirkung besitzen. Sie kommen hauptsächlich im Boden vor. Die von ihnen gebildeten Geosmine verleihen der Walderde den typischen Geruch.

Sympathomimetika
Arzneistoffe, die stimulierend auf den Sympathikus, einen Teil des vegetativen Nervensystems, wirken. Sie führen zu einer Erhöhung des Blutdruckes und der Herzfrequenz, einer Erweiterung der Atemwege und einer allgemeinen Leistungssteigerung.

teratogen
Missbildungen hervorrufend

Thrombopenie (Thrombozytopenie)
Mangel an Blutplättchen (Thrombozyten) im Blut. Ursache kann eine verminderte Bildung durch herabgesetzte Knochenmarkfunktion bzw. ein erhöhter Abbau oder Verbrauch, beispielsweise infolge von Entzündungen, Infektionskrankheiten oder Tumoren sein.

WHO-PCB-TEQ
Summe der Toxizitätsäquivalente der 12 dl-PCB

WHO-PCDD/F-PCB-TEQ
Summe von WHO-PCDD/F-TEQ und WHO-PCB-TEQ bezeichnet auch als Gesamt-Dioxinäquivalent

WHO-PCDD/F-TEQ
Summe der Toxizitätsäquivalente der insgesamt 17 toxikologisch wichtigsten Dioxine und Furane

Literatur

AFC (2005). Opinion of the AFC Panel to review the toxicology of a number of dyes illegally present in food in the EU. http://www.efsa.europa.eu/EFSA/efsa_locale-1178620753812_1178620764312.htm.

Aidoo A., Gao, N., Neft, R. E., et al. (1990). Evaluation of the genotoxicity of gentian violet in bacterial and mammalian cell systems. *Teratogenesis, Carcinogenesis and Mitagenesis* 10(6), 449 – 462.

BAuA, Ausschuss für Gefahrstoffe (2011). Begründung zu Chlorpromazin, Chlorpromazinhydrochlorid in TRGS 907. http://www.google.de/url?sa=t&rct=j&q=&esrc=s&source=web&cd=5&ved=0CEsQFjAE&url=http%3A%2F%2Fwww.baua.de%2Fde%2FThemen-von-A-Z%2FGefahrstoffe%2FTRGS%2Fpdf%2F907,%2F907-chlorpromazin.pdf%3F__blob%3DpublicationFile%26v%3D1&ei=2XLnUs60Ecav7Abi1YG4BA&usg=AFQjCNEYF3zUUp6Hj7TmhO1tOxE9E5Dzgg&bvm=bv.59930103,d.ZGU

BfR (2008). Collection and pre-selection of available data to be used for the risk assessment of malachite green residues by JECFA, updated BfR expert opinion No. 007/2008 of 24.08.2007. http://www.bfr.bund.de/cm/245/collection_and_pre_selection_of_available_data_to_be_used_for_the_risk_assessment_of_malachite_green_residues_by_jecfa.pdf.

BfR (2009). DEET-Rückstände in Pfifferlingen aus Osteuropa sind kein Gesundheitsrisiko. Stellungnahme Nr. 034/2009 des BfR vom 31. August 2009. http://www.bfr.bund.de/cm/343/deet_rueckstaende_in_pfifferlingen_aus_osteuropa_sind_kein_gesundheitsrisiko.pdf.

BfR (2012). BfR-Modell zur Berechnung der Aufnahme von Pflanzenschutzmittel-Rückständen (NVS II-Modell und VELS-Modell). http://www.bfr.bund.de/cm/343/bfr-berechnungsmodell-zur-aufnahme-von-pflanzenschutzmittel-rueckstaenden-nvs2.zip.

BgVV (2002a). Gesundheitliche Bewertung von Chloramphenicol (CAP) in Lebensmitteln. Stellungnahme des BgVV vom 10. Juni 2002. http://www.bfr.bund.de/cm/208/gesundheitliche_bewertung_von_chloramphenicol_cap_in_lebensmitteln.pdf.

BgVV (2002b). Nitrofurane in Lebensmitteln. Stellungnahme des BgVV vom 18. Juni 2002. http://www.bfr.bund.de/cm/208/nitrofurane_in_lebensmitteln.pdf.

BgVV (2002c). Gesundheitliche Bewertung von Nitrofuranen in Lebensmitteln. Stellungnahme des BgVV vom 15. Juli 2002. http://www.bfr.bund.de/cm/208/gesundheitliche_bewertung_von_nitrofuranen_in_lebensmitteln.pdf.

Blume, K., Lindtner, O., Schneider, K., Schwarz, M. & Heinemeyer, G. (2010). Aufnahme von Umweltkontaminanten über Lebensmittel: Cadmium, Blei, Quecksilber, Dioxine und PCB.

BMELV (2012). Interne Information zur Rechtsauffassung hinsichtlich der Bewertung von Kupfer an die Arbeitsgruppe für Fleisch- und Geflügelfleischhygiene und fachspezifische Fragen von Lebensmitteln tierischer Herkunft (AFFL) der LAV vom 16.11.2012.

CRL Guidance Paper (2007). CRLs view on the state of the art analytical methods for National Residue Control Plans. http://www.bvl.bund.de/SharedDocs/Downloads/09_Untersuchungen/EURL_Empfehlungen_Konzentrationsauswahl_Methodenvalierungen_EN.pdf?__blob=publicationFile&v=2.

DGAUM (2007) Leitlinien der Deutschen Gesellschaft für Arbeitsmedizin und Umweltmedizin e. V. (DGAUM). http://www.uni-duesseldorf.de/AWMF/ll/002-022.htm.

Diamante, C., et al. (2009). Final Report on the Safety Assessment of Basic Violet 1, Basic Violet 3, and Basic Violet 4, *International Journal of Toxicology* 28(3), 193 – 204.

DIN EN ISO/IEC 17025 (2005). Allgemeine Anforderungen an die Kompetenz von Prüf- und Kalibrierlaboratorien. Berlin: Beuth.

Dorn, C. R. (1979). Cadmium and the Food Chain. *The Cornell Veterinarian* 69, 323 – 344.

Durchführungsverordnung (EU) Nr. 222/2012 der Kommission vom 14. März 2012 zur Änderung des Anhangs der Verordnung (EU) Nr. 37/2010 über pharmakologisch wirksame Stoffe und ihre Einstufung hinsichtlich der Rückstandshöchstmengen in Lebensmitteln tierischen Ursprungs in Bezug auf Triclabendazol, ABl. L 75 vom 15.3.2012, S. 10 – 11.

Durchführungsverordnung (EG) Nr. 540/2011 der Kommission vom 25. Mai 2011 zur Durchführung der Verordnung (EG) Nr. 1107/2009 des Europäischen Parlaments und des Rates hinsichtlich der Liste zugelassener Wirkstoffe, ABl. L 153 vom 11.06.2011, S. 1.

EFSA (2005). Opinion of the Scientific Panel on Contaminants in the Food chain on a Request from the Commission related to the Presence of non dioxin-like Polychlorinated Bi-phenyls (PCB) in Feed and Food. 284, 1 – 137. http://www.efsa.europa.eu/de/efsajournal/doc/284.pdf.

EFSA (2008). Calculation model PRIMO for chronic and acute risk assessment – rev.2_0. http://www.efsa.europa.eu/en/mrls/docs/calculationacutechronic_2.xls.

EFSA (2009). Scientific Opinion of the Panel on Contaminants in the Food Chain on a request from the European Commission on cadmium in food. EFSA Journal 2009 980, 1 – 139. http://www.efsa.europa.eu/de/scdocs/doc/980.pdf.

EFSA (2010). EFSA Panel on Contaminants in the Food Chain (CONTAM), Scientific Opinion on Lead in Food. EFSA Journal 2010 8(4), 1570. http://www.efsa.europa.eu/de/efsajournal/doc/1570.pdf.

EFSA (2011). Reasoned Opinion on setting of temporary MRLs for nicotine in tea, herbal infusions, spices, rose hips and fresh herbs, EFSA Journal 2011 9(3), 2098. http://www.efsa.europa.eu/de/efsajournal/doc/2098.pdf.

EFSA (2012). Scientific Opinion on Exploring options for providing advice about possible human health risks based on the concept of Threshold of Toxicological Concern (TTC). EFSA Journal 2012 10(7), 2750. http://www.efsa.europa.eu/de/efsajournal/doc/2750.pdf.

EFSA (2013). EFSA Panel on Contaminants in the Food Chain (CONTAM), Scientific opinion, Guidance on methodological principles and scientific methods to be taken into account when establishing Reference Points for Action (RPAs) for non-allowed pharmacologically active substances present in food of animal origin. EFSA Journal 2013 11(4), 3195. http://crl.fougeres.anses.fr/publicdoc/2013/RPA-Avis%20scientifique%20du%20CES%20CONTAM%20Efsa%20March%202013,%20.pdf.

EMA (2012). Committee for Medicinal Products for Veterinary Use, Triclabendazole (extrapolation to bovine and ovine milk), European pu-

Berichte zur Lebensmittelsicherheit 2012, DOI 10.1007/978-3-319-06329-4,
© Bundesamt für Verbraucherschutz und Lebensmittelsicherheit (BVL) 2015

blic MRL assessment report (EPMAR), EMA/CVMP/8136/2011. http://www.ema.europa.eu/docs/en_GB/document_library/Maximum_Residue_Limits_-_Report/2012/03/WC500124511.pdf.

EMEA (1995). Committee for veterinary medicinal products, Oxytetracycline, Chlortetracycline, Tetracycline. Summary Report (3). EMEA/MRL/023/95. http://www.ema.europa.eu/docs/en_GB/document_library/Maximum_Residue_Limits_-_Report/2009/11/WC500015378.pdf.

EMEA (1997). Committee for veterinary medicinal products, Metronidazole. Summary Report. EMEA/MRL/173/96-FINAL. http://www.ema.europa.eu/docs/en_GB/document_library/Maximum_Residue_Limits_-_Report/2009/11/WC500015087.pdf.

EMEA (1999). Committee for Medicinal Products for Veterinary Use, Paracetamol. Summary Report. EMEA/MRL/551/99-FINAL. http://www.ema.europa.eu/docs/en_GB/document_library/Maximum_Residue_Limits_-_Report/2009/11/WC500015516.pdf.

EMEA (2001). Committee for Medicinal Products for Veterinary Use, Gentamicin. Summary Report (3). EMEA/MRL/803/01-FINAL. http://www.ema.europa.eu/docs/en_GB/document_library/Maximum_Residue_Limits_-_Report/2009/11/WC500014350.pdf.

EMEA (2002a). Committee for Medicinal Products for Veterinary Use, Enrofloxacin, (Extension to all food producing species). Summary Report (5). EMEA/MRL/820/02-FINAL. http://www.ema.europa.eu/docs/en_GB/document_library/Maximum_Residue_Limits_-_Report/2009/11/WC500014151.pdf.

EMEA (2002b). Committee for Medicinal Products for Veterinary Use, Trimethoprim (Extension to all food producing species). Summary Report (3). http://www.ema.europa.eu/docs/en_GB/document_library/Maximum_Residue_Limits_-_Report/2009/11/WC500015682.pdf.

EMEA (2002c). Committee for Medicinal Products for Veterinary Use, Xylazine hydrochloride (Extension to dairy cows). Summary Report (2). EMEA/MRL/836/02-FINAL-corrigendum 1. http://www.ema.europa.eu/docs/en_GB/document_library/Maximum_Residue_Limits_-_Report/2009/11/WC500015367.pdf.

EMEA (2003). Committee for Medicinal Products for Veterinary Use, Metamizole. Summary Report (2). EMEA/MRL/878/03-FINAL. http://www.ema.europa.eu/docs/en_GB/document_library/Maximum_Residue_Limits_-_Report/2009/11/WC500015055.pdf.

EMEA (2004a). Committee for Medicinal Products for Veterinary Use, Albendazole, (Extrapo-lation to all ruminants). Summary Report (3). EMEA/MRL/865/03-FINAL. http://www.ema.europa.eu/docs/en_GB/document_library/Maximum_Residue_Limits_-_Report/2009/11/WC500009638.pdf.

EMEA (2004b). Committee for Medicinal Products for Veterinary Use, Amitraz (extrapolation to goats). Summary Report (4). EMEA/MRL/872/03-FINAL. http://www.ema.europa.eu/docs/en_GB/document_library/Maximum_Residue_Limits_-_Report/2009/11/WC500010475.pdf.

EMEA (2004c). Committee for Medicinal Products for Veterinary Use, Dexamethasone, (Extrapolation to goats). Summary Report (3). EMEA/MRL/874/03-FINAL. http://www.ema.europa.eu/docs/en_GB/document_library/Maximum_Residue_Limits_-_Report/2009/11/WC500013655.pdf.

EMEA (2005). Committee for Veterinary Medical Products. Lasalocid sodium. Summary Report, EMEA/MRL/912/04-FINAL. http://www.ema.europa.eu/docs/en_GB/document_library/Maximum_Residue_Limits_-_Report/2009/11/WC500014596.pdf.

EMEA (2006a). Committee for Medicinal Products for Veterinary Use, Dihydrostreptomycin (extrapolation to rabbits). Summary Report (5). EMEA/CVMP/463923/2006-Final. http://www.ema.europa.eu/docs/en_GB/document_library/Maximum_Residue_Limits_-_Report/2009/11/WC500013863.pdf.

EMEA (2006b). Committee for Medicinal Products for Veterinary Use, Flubendazole (extrapolation to poultry). Summary report (4). EMEA/CVMP/33128/2006-FINAL. http://www.ema.europa.eu/docs/

en_GB/document_library/Maximum_Residue_Limits_-_Report/2009/11/WC500014292.pdf.

Ergebnisse des Forschungsprojektes LExUKon, Informationsbroschüre des Bundesinstituts für Risikobewertung (BfR).

Eudralex Volume 8. Notice to applicants and Guideline – Veterinary medicinal products. Establishment of maximum residue limits (MRLs) for residues of veterinary medicinal products in foodstuffs of animal origin, Oktober 2005. (S. 9). http://ec.europa.eu/health/files/eudralex/vol-8/pdf/vol8_10-2005_en.pdf.

FAO/WHO (2011a). Evaluation of certain contaminants in food. 73rd Report of the Joint FAO/WHO Expert Committee on Food Additives. WHO Technical Report Series 960. Cadmium: 149–162, 210–211, Lead: 162–177, 211–212. http://whqlibdoc.who.int/trs/WHO_TRS_960_eng.pdf.

FAO/WHO (2011b). Safety evaluation of certain contaminants in food. 72th Meeting of the Joint FAO/WHO Expert Committee on Food Additives (JECFA). WHO Food Additives Series 63. FAO JECFA Monographs 8. http://whqlibdoc.who.int/publications/2011/9789241660631_eng.pdf.

FAO/WHO (2011c). Residue Evaluation of Certain Veterinary Drugs, Benzylpenicillin. 75th Meeting of the Joint FAO/WHO Expert Committee on Food Additives (JECFA). FAO JECFA Monographs 12. (S. 172). http://www.fao.org/fileadmin/user_upload/agns/pdf/JECFA_Monograph_12.pdf.

Fries, G. F., Marrow, G. S. & Snow, P. A. (1982). Soil ingestion by swine as a route of contaminant exposure. *Environmental Toxicology and Chemistry* 1, 201–204.

Heeschen, W. & Blüthgen, A. (1986). Carry over von Cadmium in die Milch. In H. Hecht (Hrsg.), *Zum Carry over von Cadmium. Cadmiumkonzentration von Futtermitteln und Auswirkungen auf die tierische Erzeugung.* Arbeiten der Arbeitsgruppe „Carry over toxischer Elemente" im Auftrag des BML. Schriftreihe des Bundesministers für Ernährung, Landwirtschaft und Forsten, Reihe A: Angewandte Wissenschaft, Heft 335 (S. 46–56). Münster-Hiltrup.

JECFA Evaluation (1994). Summary of Evaluations Performed by the Joint FAO/WHO Expert Committee on Food Additives, Sulfamidine/Sulfamethazine. http://www.inchem.org/documents/jecfa/jeceval/jec_2212.htm.

Kreuzer, W. (1973). Toxische Mikroelemente (Pb, Cd und Hg) in Fleisch (Lebern und Nieren) von Schlachtschweinen. 5. Hülsenberger Gespräche 1973 (S. 129–133) Hamburg: VTN.

Löscher, W., Ungemach, F. R. & Kroker, R. (2010). *Pharmakotherapie bei Haus- und Nutztieren*, 8. Aufl. Stuttgart: Enke.

Macholz, R. & Lewerenz, H.-J. (Hrsg.) (1989). *Lebensmitteltoxikologie.* Berlin: Springer.

Max-Rubner-Institut (MRI) (2008). Nationale Verzehrsstudie II (NVS II). Ergebnisbericht 1 und 2. http://www.was-esse-ich.de/.

Prankel, S. H., Nixon, R. M. & Phillips, C. J. (2004). Meta-Analysis of feeding trials investigating cadmium accumulation in the livers and kidneys of sheep. *Environmental Research* 94, 171–183.

Prankel, S. H., Nixon, R. M. & Phillips, C. J. (2005). Implications for the human food chain of models of cadmium accumulation in sheep. *Environmental Research* 97, 348–358.

Richtlinie 2002/32/EG des Europäischen Parlaments und des Rates vom 7. Mai 2002 über unerwünschte Stoffe in der Tierernährung, ABl. L 140 vom 30.05.2002. (S. 10–21).

Richtlinie 2009/8/EG der Kommission vom 10. Februar 2009 zur Änderung von Anhang I der Richtlinie 2002/32/EG des Europäischen Parlaments und des Rates hinsichtlich Höchstgehalten an Kokzidiostatika und Histomonostatika, die aufgrund unvermeidbarer Verschleppung in Futtermitteln für Nichtzieltierarten vorhanden sind, ABl. L 40 vom 11.02.2009. (S. 19–25).

Schenkel, H. (1990). Zum Stoffwechselverhalten von Cadmium bei landwirtschaftlichen Nutztieren. III. Mitteilung: Pferde, Übersichten Tierernährung 18. (S. 247–262).

Schuetze, A., Heberer, T. & Juergensen, S. (2008). Occurrence of residues of the veterinary drug crystal (gentian) violet in wild eels caught downstream from municipal sewage treatment plants. *Environmental Chemistry 5*, 194 – 99.

Souci, S., Fachmann, W., Kraut, H., Kirchhoff, E. & Scherz, H. (2004). *Der kleine Souci/Fachmann/Kraut. Lebensmitteltabelle für die Praxis*, 3. Aufl. Stuttgart: Wissenschaftliche Verlagsgesellschaft.

Umweltbundesamt (UBA) (2011). Aktualisierung der Stoffmonographie Cadmium – Referenz-und Human-Biomonitoring (HBM)-Werte. http://www.umweltbundesamt.de/dokument/aktualisierte-stoffmonographie-cadmium.

Umweltdatenbank/Umwelt-Lexikon. http://www.umweltdatenbank.de/lexikon/index.htm.

US HHS (2002). US Department of Health and Human Services, Public Health service, Agency for Toxic Substances and Disease Registry: Toxicological profile for hexachlorobenzene. http://www.atsdr.cdc.gov/toxprofiles/tp90.pdf.

Vemmer, H. (1986). Der Einfluß von Cadmium im Futter auf die Cadmiumgehalte in Geweben von Schweinen. In H. Hecht (Hrsg.), *Zum Carry over von Cadmium. Cadmiumkonzentration von Futtermitteln und Auswirkungen auf die tierische Erzeugung*. Arbeiten der Arbeitsgruppe „Carry over toxischer Elemente" im Auftrag des BML. Schriftreihe des Bundesministers für Ernährung, Landwirtschaft und Forsten, Reihe A: Angewandte Wissenschaft, Heft 335 (S. 73 – 86). Münster-Hiltrup.

Verordnung (EG) Nr. 613/98 der Kommission vom 18. März 1998 zur Änderung der Anhänge II, III und IV der Verordnung (EWG) Nr. 2377/90 des Rates zur Schaffung eines Gemeinschaftsverfahrens für die Festsetzung von Höchstmengen für Tierarzneimittelrückstände in Nahrungsmitteln tierischen Ursprungs, ABl. L 82 (S. 14).

Verordnung (EG) Nr. 1334/2003 der Kommission vom 25. Juli 2003 zur Änderung der Bedingungen für die Zulassung einer Reihe von zur Gruppe der Spurenelemente zählenden Futtermittelzusatzstoffen, ABl. L 187 (S. 11).

Verordnung (EG) Nr. 1831/2003 des Europäischen Parlaments und des Rates vom 22. September 2003 über Zusatzstoffe zur Verwendung in der Tierernährung, ABl. L 268 (S. 29).

Verordnung (EG) Nr. 183/2005 des Europäischen Parlaments und des Rates vom 12. Januar 2005 mit Vorschriften für die Futtermittelhygiene, ABl. L 35 (S. 1).

Verordnung (EG) Nr. 2037/2005 der Kommission vom 14. Dezember 2005 zur Änderung der Bedingungen für die Zulassung eines zur Gruppe der Kokzidiostatika zählenden Futtermittelzusatzstoffes, ABl. L 328 (S. 21).

Verordnung (EG) Nr. 149/2008 der Kommission vom 29. Januar 2008 zur Änderung der Verordnung (EG) Nr. 396/2005 des Europäischen Parlaments und des Rates zur Festlegung der Anhänge II, III und IV mit Rückstandshöchstgehalten für die unter Anhang I der genannten Verordnung fallenden Erzeugnisse, ABl. L 58 (S. 1).

VIS – Verbraucherinformationssystem Bayern (Hrsg.) (2008) Bayerisches Staatsministerium für Umwelt, Gesundheit und Verbraucherschutz. http://www.vis.bayern.de/ernaehrung/lebensmittelsicherheit/unerwuenschte_stoffe/mykotoxine.htm.